辽宁 1 号

香　玲

扎 343

辽宁 5 号

北京 861

中林 5 号

强特勒

绿　波

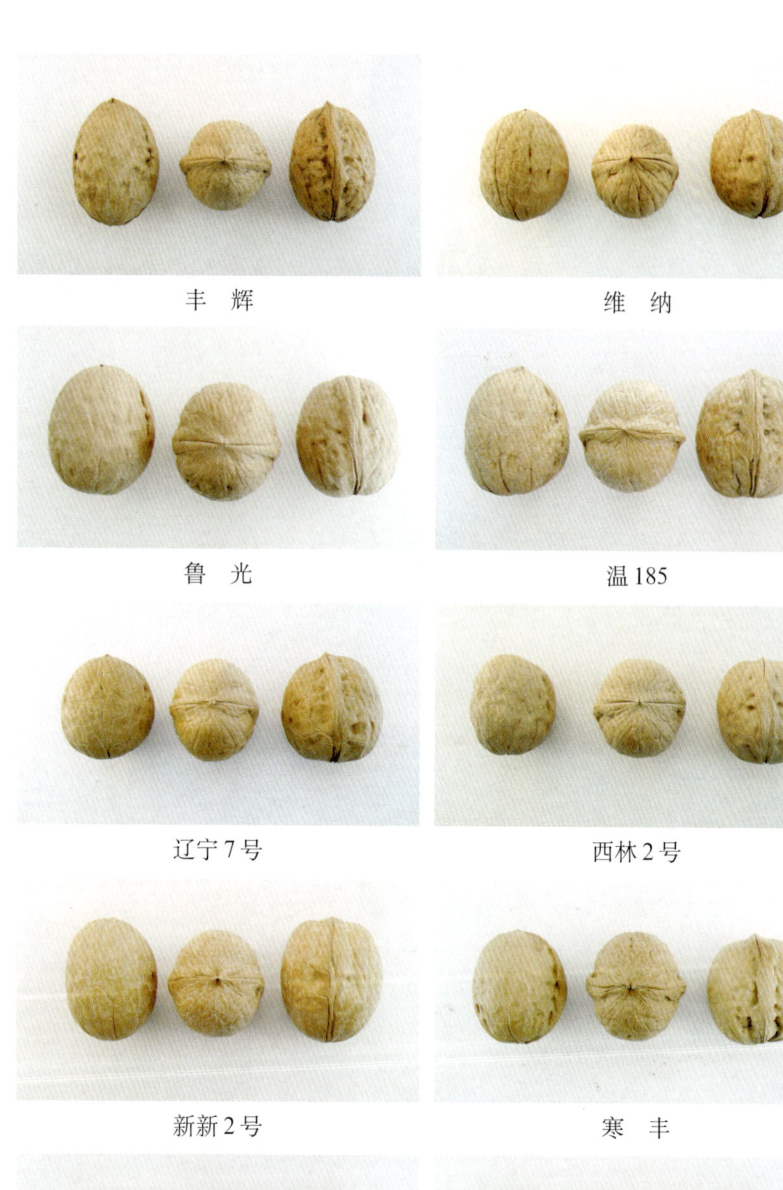

丰　辉

维　纳

鲁　光

温 185

辽宁 7 号

西林 2 号

新新 2 号

寒　丰

新早丰

清　香

晋龙 1 号

西洛 3 号

漾濞泡核桃

娘　青

圆菠萝

云新 1 号

云新 4 号

铁核桃

二连体核桃楸

多棱铁核桃

鸡　心

带脐三棱鸡心

狮子头

虎　头

镂雕九龙滚

十八罗汉

十八罗汉斗虎

十八罗汉戏龙

百猿图

长龙闹海

辰龙迁禧

二龙戏珠

猴结桃园

虎踞龙盘叠罗汉

九龙滚

龙抬头

辽宁1号

辽宁5号

绿　波

丰　辉

维　纳

鲁　光

辽宁7号

陕核1号

寒　丰

清　香

晋龙1号　礼品2号　福兰克蒂

公子帽　虎　头　鸡　心

狮子头　连体结果

艺核1号结果状　穗状结果

核桃楸的雌花

普通核桃的雌花

狮子头的雌花

早实核桃的二次花

艺核 1 号的雌花

艺核 1 号的雄花

安全优质高效果品生产丛书

核桃安全优质高效生产配套技术

张志华　王红霞　赵书岗　主编

中国农业出版社

核桃安全优质高效生产配套技术

主编　张志华　王红霞　赵书岗

编委（以姓氏笔画为序）

王红霞　田景花　玄立春

关　蕊　孙红川　何富强

张　雨　张志华　赵书岗

赵悦平　段　毅　高　仪

雷　玲　褚发朝

前言

核桃是世界著名的四大坚果（核桃、扁桃、板栗、腰果）之一。我国古时将核桃称为“万岁子”、“长寿果”，国外称为“大力士食品”、“浓缩营养包”等。核桃种仁营养丰富，具有很高的营养保健和药用价值。祖国医学认为核桃性温、味甘、无毒，有健胃、补血、润肺、养神等功效。现代营养学和病理学的研究认为，核桃对于心血管疾病、Ⅱ型糖尿病、癌症和神经系统疾病有一定康复治疗和预防效果。随着人们生活水平的提高，优质的核桃坚果已经成为人们日常生活的必需品。

世界上生产核桃的国家有50多个，在我国已有2 000多年的栽培历史，面积和总产量均居世界首位。我国核桃栽培分布包括21个省、自治区、直辖市，核桃生产在我国果品生产中占有重要地位。近年来，随着国际果品市场的进一步开放及我国果品产业结构的调整，我国核桃产业迎来新的发展机遇，各地发展核桃的热情高涨，面积逐年扩大，产量不断提高。但是，与美国等先进国家相比，我国的核桃果品质量仍有较大差距，核桃的品种布局、栽培管理及经营模式等有待进一步提高。

食品安全是影响人类生存和生活质量的重要因素之一，果品安全在食品安全中占有十分重要的地位。随着生活水平的逐步提高，人们对果品食用安全的要求越来越高。在我国加入WTO之后，大力发展果品优质安全生产已成为全局性、战略性的重要任务，这是提高人民生活质量的迫切需要，也是进一步调整农业产业结构、发展高效农业、增强市场竞争力的必然选择。果品质量安全问题已成为制约我国果业发展的重要因素，加强果品质量及其产地环境监控，对提高果品质量安全水平，促进果品产业健康发展具有重要意义。

为适应果品市场发展的新形势，推动我国核桃产业的健康发展，我们根据我国核桃生产的具体情况，结合多年从事核桃科研和生产的实践经验，参阅了大量相关文献资料编写了此书。在编写过程中，力求达到技术先进、科学实用、通俗易懂、可操作性俱佳的目标，旨在为我国核桃产业的发展尽微薄之力。

本书错误和不妥之处，敬请同行和读者不吝赐教。

作　者

2008年12月

目 录

第9章 核桃病虫害无公害防治技术 …………………… 118

第1章 概 述

一、经济价值

核桃具有很高的经济价值，核桃种仁营养丰富，每100克干核桃仁中约含水分3～4克，脂肪63.0克，蛋白质15.4克，碳水化合物10.7克，粗纤维5.8克，磷329毫克，钙108毫克，铁3.2毫克，胡萝卜素0.17毫克，硫胺素0.32毫克，核黄素0.11毫克，尼克酸1.0毫克。核桃脂肪不仅是高级的食用油，而且具有很高的工业和药用价值。

核桃仁中含有18种氨基酸，其中人体必需的氨基酸含量较高。钙、磷、铁、胡萝卜素、硫胺素、尼克酸、核黄素均高于板栗、枣、苹果、山楂、桃、鸭梨、柿等常见果品。特别是核桃仁中碘含量较高（14～33毫克/千克），对儿童的生长发育非常有利。

核桃还具有广泛的医疗保健作用，核桃仁可补气养血，温肠补肾，止咳润肺，为常用的补药。常食核桃可益命门，利三焦，散肿毒，通经脉，黑须发，利小便，去五痔。内服核桃青皮（中药称青龙衣）可治慢性气管炎，肝胃气痛；外用治顽癣和跌打外伤。坚果隔膜（中药称分心木）可治肾虚遗精和遗尿。核桃的枝叶入药可治疗多种肿瘤，全身瘙痒等。

祖国医学认为核桃性温、味甘、无毒，有健胃、补血、润肺、养神等功效。20世纪90年代以来，美国等国科学家通过营养学和病理学的研究认为，核桃对于心血管疾病、Ⅱ型糖尿病、癌症和神经系统疾病有一定康复治疗和预防效果。

随着人类工业化的发展，能源消费剧增，煤炭、石油、天然气等能源资源消耗迅速，人类社会的可持续发展受到严重威胁。开发再生能源是人类社会面临的重要任务。核桃含油量高达60%以上，是生物液体燃料的潜在树种。

核桃木材质地坚硬，纹理细致，伸缩性小，抗冲击力强，不翘不裂，不受虫蛀，是航空、交通和军事工业的重要原料。核桃的树皮、叶子和果实青皮含有大量的单宁，可提取栲胶。果壳可烧制成优质的活性炭，是国防工业制造防毒面具的优质材料。

核桃树冠多呈半圆形，枝干秀挺，国内外常作为行道树或观赏树种。在山坡丘陵地区栽植，具有涵养水源、保持水土的作用。核桃还是防尘能力很强的环保树种。据测定，成片核桃林在冬季无叶的情况下能减少降尘 28.4%，春季展叶后可减少降尘 44.7%。

二、世界核桃产销概况

世界上生产核桃的国家约 50 多个，年产 2.5 万吨以上的国家是：中国、美国、土耳其、伊朗、乌克兰、墨西哥、罗马尼亚、法国、印度、埃及。2006 年产量 10 万吨以上的国家是中国、美国、土耳其和伊朗。2006 年中国核桃产量为 47.5 万吨，美国为 29.03 万吨（表 1）。

表 1　2006 年 10 个核桃主产国生产概况

国　家	产量（吨）	国　家	产量（吨）
中国	475 000	墨西哥	69 000
美国	290 300	罗马尼亚	38 500
土耳其	184 251	法国	38 000
伊朗	170 000	印度	34 000
乌克兰	90 500	埃及	27 000

引自世界粮农组织数据库。

欧洲主要分布在乌克兰、法国、罗马尼亚、希腊、意大利、前南斯拉夫、奥地利、白俄罗斯、摩尔达维亚等国，德国、西班牙、保加利亚、匈牙利、捷克、斯洛伐克、波兰、瑞士、比利时及格鲁吉亚等国也有分布，其中乌克兰、罗马尼亚、法国产量最高。

亚洲主要分布在中国、伊朗、土耳其、印度、巴基斯坦等国，黎巴嫩、阿富汗、伊拉克、日本、韩国及阿塞拜疆等国也有分布，其中中国、伊朗、土耳其产量最高。

北美洲主要生产国为美国和墨西哥；南美洲主要生产国为智利和阿根廷；非洲只有摩洛哥有核桃生产。

国际核桃市场带壳核桃年交易量约17.13万吨，2005年美国核桃坚果出口约5.3万吨，约占世界带壳核桃销售量的30%，每吨售价1 800～2 000美元。中国核桃坚果年平均出口量基本维持在1 200～1 500吨，2005年1 480吨，约占世界带壳核桃销售量的1.2%，是美国外销量的1/17。中国核桃市场售价每吨1 267美元，美国每吨售价2 130美元。两个核桃生产大国的市场份额和销售单价的差距，关键在产品质量。土耳其品种化、规范化、标准化水平逐年提高，其市场份额和售价也在不断提高。东欧摩尔达维亚产量不多，但仁色浅亮、外观漂亮，售价不菲。

综上所述，我国核桃虽为种植面积和总产量大国，但因产品质量较差，在国际市场中所占份额和售价较低。

三、我国核桃生产的发展

核桃在我国栽培历史悠久。通过考古研究和化石分析发现，距今约6 000年的西安半坡村原始氏族遗址中有核桃花粉沉积；河北武安县磁山村曾出土了距今7 335年左右（属新石器时代）的炭化核桃；在山东临朐县山旺村发现2 500万年前（第三纪中新世）的核桃化石。这些事实证明我国不仅是世界核桃原产中心之一，而且具有悠久的栽培历史，并在多年演化过程中形成了十分丰富的种质资源。

核桃（*J. regia*）遍及我国南北，而漾濞核桃（*J. sigillata*）则主要分布在西南地区（云南、贵州及四川西部最为集中），两个种构成中国栽培核桃的主体。其分布范围：从北纬21°29′的云南勐腊到北纬44°54′的新疆博乐，纵越纬度23°25′；西起东经75°15′新疆的塔什库尔干，东至东经124°21′的辽宁的丹东，横跨经度49°06′。从行政省区看，栽培（含自然分布）范围主要包括辽宁、天津、北京、河北、山东、山西、陕西、宁夏、青海、甘肃、新疆、河南、安徽，江苏、湖北、湖南、广西、四川、贵州、云南及西藏等21个省、自治区、直辖市，内蒙古、浙江及福建等省、自治区也有少量引种或栽培。

从核桃栽培历史角度看，除新疆伊犁有小面积野生核桃林外，其他各地的核桃都经过了长期种植或引种栽培。而漾濞核桃除栽培型的泡核桃或夹绵核桃是经过人类选择、驯化和生产栽培外，其他多种类型的野生铁核桃均属自然分布。

我国核桃分布的北部界线与年平均气温呈明显相关。以甘肃兰州为中点，东部北界与年均温8℃等温线走向相当；西部北界则同6℃等温线大致吻合。如以分布边界上核桃生产县、市为点，自东向西的分布走向是：辽宁的丹东、盖县、义县、朝阳、建平；河北的承德、滦平（中间跨北京市延庆）、涿鹿、蔚县；山西的浑源、代县、忻州、娄烦、兴县、河曲；陕西的神木、榆林、靖边、吴旗、宜君；经甘肃陇东的崇信、平凉；宁夏的灵武、青铜峡、中卫；再进入甘肃的兰州、武威、张掖、酒泉、安西，到新疆的哈密、鄯善、吐鲁番、精河、博乐，上述各点的连线构成我国核桃分布的北界。受局部地形和小气候影响，界线以北只有小面积或零星核桃分布。

2006年我国核桃年产量为47.5万吨，居世界首位。其中，云南、四川、陕西、河北、新疆年产量均达到3万吨以上（表2），是我国核桃生产大省。云南的漾濞、楚雄，山西的汾阳、孝义，河北的涉县，陕西的商洛等地，是我国著名的核桃产区。

新中国成立前，我国核桃处于实生繁殖和自然生长状态，管理放任，总产量 5 万吨左右；20 世纪 50 年代中期，全国核桃产量升至 10 万吨；60 年代总产降至 4 万～5 万吨；70 年代总产恢复到 7 万～8 万吨，1978 年达 11.8 万吨。进入 80 年代，社会稳定，政策支持，环境宽松，全国核桃产量逐年增加，2006 年总产达 47.5 万吨。

表 2　2006 年我国核桃主产省、自治区、直辖市核桃产量及份额

省（自治区、直辖市）	产量（吨）	份额（%）	省（自治区、直辖市）	产量（吨）	份额（%）	省（自治区、直辖市）	产量（吨）	份额（%）
云南	106 499	22.40	山西	19 199	4.04	重庆	2519	0.53
四川	61 112	12.85	辽宁	17 604	3.70	西藏	678	0.14
陕西	56 326	11.85	北京	13 185	2.77	宁夏	627	0.13
河北	46 044	9.68	湖北	8 538	1.80	天津	478	0.10
新疆	38 158	8.03	贵州	8 106	1.70	广西	418	0.09
河南	28 889	6.08	湖南	7 053	1.48	江西	214	0.05
山东	28 618	6.02	安徽	2 751	0.58	江苏	151	0.03
甘肃	26 292	5.53	吉林	2 575	0.54			

在我国核桃产业历经 50 多年的发展中，经过 1959—1962 年两次引入内地新疆早实和丰产优良种质，并以此为亲本选育出许多优良品系在全国推广种植。1979—1986 年全国各地广泛开展核桃良种选育工作，并在生物学特性、丰产技术、嫁接育苗、病虫防治等方面进行了卓有成效的研究。辽宁、山西、陕西、山东、云南、新疆、河北等省、自治区先后选育推广了一批优良品种，使我国核桃业步入了新的发展阶段。1988 年我国首次颁布《核桃丰产与坚果品质标准》，为规范核桃生产提供了依据。1990 年林业部公布了我国首批经组织鉴定的 16 个早实核桃优良品种，开创了我国自主选育品种、嫁接苗木建园的新局面。进入 90 年代，随着嫁接技术的成熟和优良品种的推广，核桃种植规模扩大和总产量显著提高。

核桃曾是我国传统的出口换汇商品，曾在国际市场上享有盛誉。20世纪50～60年代，我国核桃在国际市场中占有50%～60%的份额，成绩辉煌。70年代以后，美国实行品种化和技术更新，一跃成为外销数量和经济效益大国。我国核桃因产品质量较差，在国际市场中所占份额和售价却逐年下滑（表3），优势地位被美国取代，教训极为深刻。近年来，我国核桃品种化栽培发展迅速，但由于品种的选择及栽培管理方面存在一些问题，坚果质量仍有较大差距，在国际市场的竞争中尚无起色。

表3　1996—2005年中国核桃产量及出口概况

年 份	产量（万吨）	出口种类及数量（吨）		出口价值（百万美元）
		坚果	果仁	
1996	23.799	1 650	14 440	948.78
1997	24.983	1 520	13 450	2 100.82
1998	26.920	1 620	10 500	2 055.99
1999	27.425	4 750	9 070	2 740.36
2000	30.988	2 750	8 060	2 712.26
2001	25.235	1 180	9 600	1 493.40
2002	34.331	2 390	6 790	2 219.01
2003	39.353	1 240	8 650	1 604.21
2004	43.686	1 170	10 010	1 213.93
2005	49.907	1 500	12 570	1 873.92

四、我国核桃生产中存在的问题

在我国核桃品种化栽培迅速发展的关键时期，面对我国核桃在国际市场竞争中的不利局面，有些问题确应引起业界同行们冷静思考，认真对待。

1. 关于核桃坚果硬壳厚度的认识　核桃坚果由硬壳和种仁组成，占有相当比重的木质化硬壳在食用时是被弃置的部分，硬壳更薄、出仁率更高成为大多核桃栽培者的追求目标。我国核桃品种选育工作受这种意识的影响较大，《中华人民共和国国家标准—核桃丰产与坚果品质》中规定的核桃坚果出仁率优级为≥59%。因此，我国选出的核桃品种硬壳普遍较薄，出仁率较高。根据《中国果树志·核桃卷》778个核桃品种坚果出仁率的统计分析，其平均值为53.09%，这主要是由于长期以来我国核桃品种选优标准一直片面追求硬壳薄、出仁率高所致。然而，在核桃生产及研究中发现这些品种不同程度地存在裂果较多、种仁颜色较深、种仁污染率高、易于破损、不耐贮运等缺点，不符合商品生产的要求，很难在国际市场上参与竞争。按我国标准衡量，国际市场上驰名的核桃品种无一能够入选优级，美国绝对主栽品种哈特利（即钻石核桃）出仁率也仅为45.7%。毋庸置疑，核桃硬壳在坚果生长、发育、成熟、漂洗、运输及贮藏中起着重要作用。缝合线不够紧密的坚果，漂洗时种仁很容易被污染而变色变味，贮藏中也容易遭受虫害。然而，缝合线紧密度与硬壳厚度是呈正相关的，即缝合线紧密度越大坚果硬壳越厚，出仁率也就越低。因此，品质优良的核桃坚果应具备适宜的缝合线紧密度。研究表明，核桃硬壳厚度及结构与种仁颜色及质量密切相关，适宜的核桃坚果硬壳厚度应在1.1毫米左右，出仁率在52%左右为宜。一味追求皮薄、出仁率高是不正确的。

2. 早实核桃品种比例过大 我国现行推广的优良品种分早、晚实两个类型。早实品种结果较早、丰产性较强，以短果枝结果为主，树冠紧凑。从品种的适应性来讲，早实品种较晚实品种差。首先是抗病性差，尤其是果实成熟期的炭疽病、黑斑病及树势衰弱后的枝枯病等为害严重。其次是抗土壤干旱、瘠薄性差，容易出现小老树或早期衰老死亡现象。晚实品种抗病性强，对土壤的适应性也强，但前期丰产性差。生产中应根据立地条件及管理水平等确定品种类型，立地条件较好，管理水平较高的可采用早实核桃品种，进行集约化栽培管理，否则应采用抗性较强的晚实核桃品种，一般情况看，应以晚实核桃为主要栽培类型，早实核桃应控制在总面积的30%以下。但目前生产中早实核桃的比例太大。

3. 品种选择与配置不合理 核桃优良品种不仅要适应当地气候和土壤条件，而且具有生长强健、抗逆性强、优质、丰产等综合性状。各地可根据当地情况因地制宜进行引种，切不可盲目引种，以免造成不应有的损失。从目前核桃品种苗木的繁殖情况和各地分布的数量来看，早实品种：中林 1 号、中林 5 号、辽宁 1 号、辽宁 7 号、香玲、薄壳香、西扶 1 号最多；晚实品种：清香、晋龙 1 号、晋龙 2 号、礼品 1 号、礼品 2 号最多。品种发展的快慢与品种选育早晚、品种特性和种源数量多少有直接的关系。从目前核桃新品种的适应性看，早实品种中的辽宁 1 号、辽宁 7 号和晚实品种中的清香等表现较好。

核桃属雌雄同株异花植物，雌雄花不能同时开放，因此，在品种栽培的核桃园中应配置授粉品种，否则影响产量且空壳果率较高。但目前发展的核桃园很少按要求配置授粉树，而且多不配置授粉树。最好用雌先型品种和雄先型品种互相提供授粉机会，如早实品种辽宁 1 号和辽宁 5 号、晚实品种清香和礼品 2 号等。建园时最好同时选用 2～4 个雌雄花期能够互补的品种，授粉树可以按主栽品种和授粉品种隔行配置，比例按 3∶1 或 5∶1，便于分品种管理和采收。

4. 建园栽植过密 核桃是喜光树种，尤其是晚实核桃，树体高大，如果栽植过密，使其过早郁闭，造成核桃园内通风透光不良，产量低，病虫害严重。近年来发展的核桃园密度过大，一般 3 米×4 米居多，此密度对一般早实核桃尚显过密，对晚实核桃品种更是难以想像。密度的大小要根据品种、立地条件和管理水平来确定，合理的栽植密度可以取得较高的经济效益。早实核桃结果早，树冠较小；晚实品种结果较晚，树冠较大。因此，用早实品种建园时，其栽植株行距应小于晚实品种，可采用 3 米×5 米或 4 米×6 米。晚实核桃的株行距，可采用 4 米×6 米或 5 米×7 米。在地势平坦、土层深厚、肥力较高的土壤上建园，株行距应大些；在环境条件较差的土壤上建园，株行距应小些。对于栽植于田埂、地边、堤堰和以种粮食为主，实行果粮间作者，株行距可以灵活掌握。

5. 栽培管理水平较低 一般来讲，核桃新品种丰产性能较强，特别是早实品种，需要较好的立地条件和栽培管理水平。如果结果后缺乏肥水管理，有的形成小老树，有的病虫害严重。核桃新品种对核桃整形、修剪提出了新要求。在生产上经常看到，不定干、不修剪的核桃园，树形紊乱，经济效益差。核桃的树形应根据品种干性强弱和栽植密度来决定。矮化密植园，采用早实品种的，一般采用开心形或小冠形，树高一般不超过3米，行间要留1米的空间，以便通风透光和田间作业。林粮间作的核桃园或稀植核桃园，树冠可适当大一些，但树高不要超过4米，树形可采用疏散分层形或小冠疏层形。修剪时间由过去的秋季变为全年生长季，伤口越小、越少越好，该去除的枝条及早去掉，大于1厘米的剪口要用油漆或防腐剂涂封。修剪工具要经常消毒，防止用感染病毒、病菌的工具修剪健康的树。早实核桃由于花芽较多，结果量较大，应注意重剪更新复壮；晚实核桃生长较旺，一般只有顶花芽结果，应采取拉枝、刻芽及环刻等抑制生长促发短枝的技术措施。

6. 经营管理分散 我国核桃生产多数仍为农户分散种植、自产自销的传统模式，抗风险能力、销售能力和市场竞争能力都比较低。针对我国分散的经营模式，应面向国内外市场，立足本地优势，依靠科技进步，区域化布局，集约化经营，专业化生产，社会化服务，企业化管理，生产销售一体化。实行龙头企业带基地，基地联农户，实现经营方式的转变。生产基地和核桃之乡都是以生产核桃为主导产业的商品生产集中地，充分考虑产前、产中、产后，统筹兼顾，把产、供、销，农、工、贸紧密结合。通过社会化服务，实行施肥、灌水、修剪、病虫防治及采收、加工等的统一管理，以提高整体管理水平。对此，政府部门应予以扶持和引导，或采用必要的行政干预手段，监督关键技术（如采收期等）的实施；对新建核桃园，应统一规划，统一优良品种，集中成片发展，以形成商品规模生产，在管理上可集中承包给懂技术、会管理的经营者，引导走向适度规模经营。

五、核桃优质安全生产的意义

核桃优质安全生产既是满足人民生活的需要，也是保护人类赖以生存的生态环境，促进农民增收，协调经济、社会和生态效益，实现农业可持续发展的有效举措和重要保障。

1. 满足人们对优质果品的需求 核桃仁具有多种营养保健功能，我国古时将核桃称为“万岁子”、“长寿果”，国外称为“大力士食品”、“浓缩营养包”等。随着人们生活水平的提高，核桃坚果已经成为人们日常生活的必需品，人们对优质安全核桃产品的需求将会逐年增加。

2. 保证人民健康 随着科学技术的发展，人们对生态环境问题的认识越来越深刻，对工业污染物及药物残留通过食物链传递危害人体健康的认识也越来越清楚。目前，我国生产的果品大多未达到无公害要求，因而对人民身体健康构成了潜在威胁。

3. 保护生态环境 目前，多数果园由于不合理使用农药、化肥和激素等，对果树生态环境造成了一定的破坏，而生态环境的恶化又反过来影响果品产量和质量的提高。如偏施化肥，破坏了土壤良好的生态体系，加重了果品污染，长此下去，形成恶性循环。采取生态农业措施，可以有效地保护和改善果园生态环境，维持和提高果园的生产潜力，实现农业的可持续发展。

第2章 主要种类及品种

核桃科（Juglandaceae）共有7个属，约有60个种。用于栽培的有两个属，即核桃属（*Juglans* L.）和山核桃属（*Carya* Nutt.）。

一、核桃属

核桃属约有20个种分布在亚洲、欧洲和美洲。我国栽培的有18个种，其中栽培最多、分布最广的有两个种，即普通核桃（*Juglans rejia* L.）和漾濞核桃（*Juglans sijillata* Dode），其余有少量栽培或野生，或用作砧木。

1. 普通核桃（*J. regia* L.） 又称胡桃、羌桃、万岁子，国外叫作波斯核桃或英国核桃。世界各国核桃绝大多数栽培品种均属本种。普通核桃在我国栽培分布很广，以山西、河北、陕西、甘肃、河南、山东、新疆、北京等为集中产地。

树为高大落叶乔木，一般树高10～20米，树冠大，寿命长；树干皮灰色，幼树平滑，老时有纵裂。一年生枝呈绿褐色，无毛，具光泽，髓大；奇数羽状复叶，互生，小叶5～9枚，稀11枚，对生；雌雄同株异花、异熟；雄花序柔荑状下垂，长8～12厘米，每序有小花100朵以上，每小花有雄蕊15～20个，花药黄色；雌花序顶生，雌花单生、双生或群生，子房下位，1室，柱头浅绿色或粉红色，2裂，偶有3～4裂，盛花期呈羽状反曲。果实为坚果（假核果），圆形或长圆形，果皮肉质，幼时有黄褐色绒毛，成熟时无毛，绿色，具稀密不等的黄白色斑点；坚果多圆形，表面具刻沟或光滑。种仁呈脑状，被浅黄色或黄褐色种皮。

2. 漾濞核桃（*J. sijillata* Dode） 又称泡核桃、茶核桃、深纹核桃、铁核桃。漾濞核桃在西南各地均有分布，为我国第二大主栽种。主要分布在云南、四川、贵州等地，集中分布在澜沧江、怒江、雅鲁藏布江和金沙江流域海拔 600～2 700 米地区。在西南地区一般将漾濞核桃分为泡核桃（出仁率 48%以上）、夹绵核桃（出仁率 30%～47.9%）和铁核桃（出仁率 30%以下）三个类型。目前栽培面积最大的是泡核桃，其次是夹绵核桃，铁核桃一般处于野生半野生状态，常用作砧木，有的可做文玩核桃。

落叶乔木，树皮灰色，老树暗褐色具浅纵裂；一年生枝青灰色，具白色皮孔。奇数羽状复叶，小叶 9～13 枚；雌雄同株异花，雄花序粗壮，柔荑状下垂，长 5～25 厘米，每小花有雄蕊 25 枚。雌花序顶生，雌花 2～3 枚，稀 1 或 4 枚，偶见穗状结果，柱头 2 裂，初时呈粉红色，后变为浅绿色。果实倒卵圆形或近球形，黄绿色，表面幼时有黄褐色绒毛，成熟时无毛；坚果倒卵形，两侧稍扁，表面具深刻点状沟纹。内种皮极薄，呈浅棕色。喜湿热气候，不耐干冷，抗寒力弱。

3. 核桃楸（*J. mandshurica* Max.） 又称胡桃楸、山核桃、东北核桃、楸子核桃。原产我国东北，以鸭绿江沿岸分布最多。河北、河南也有分布。

落叶大乔木，高达 20 米以上；树皮灰色或暗灰色，幼龄树光滑，成年后浅纵裂。小枝灰色，粗壮，有腺毛，皮孔白色隆起。奇数羽状复叶，小叶 9～17 枚；雄花序柔荑状，长 9～27 厘米；雌花序具雌花 5～10 朵；果序通常 4～7 果；果实卵形或椭圆形，先端尖；坚果长圆形，先端锐尖，表面有 6～8 条棱脊和不规则深刻沟，壳及内隔壁坚厚，不易开裂，内种皮暗黄色。有的可做文玩核桃。抗寒性强，生长迅速，可作核桃品种的砧木。

4. 河北核桃（*J. hopeiensis* Hu） 又称麻核桃。系核桃与核桃楸的天然杂交种，在河北、北京和辽宁等地有零星分布。

落叶乔木，树皮灰白色，幼时光滑，老时纵裂。嫩枝密被短柔毛，后脱落近无毛。奇数羽状复叶，小叶 7～15 枚；雌雄同株异花；雄花序柔荑状下垂，长 20～25 厘米；雌花序 2～3 朵小花簇生，每花序着生果实 1～3 个；果实近球形，顶端有尖；坚果近球形，顶端具尖，刻沟、刻点深，有 6～8 条不明显的纵棱脊，缝合线突出；壳厚不易开裂，内隔壁发达，骨质，取仁极难，文玩核桃的上品多出自此种。抗病性及耐寒力均很强。

河北核桃因原产河北而得名。历史上河北核桃曾在太行山北部分布较多，但均为野生状态，后因军械厂高价收购其木材，造成滥伐，新中国成立前几乎濒临灭绝。河北农业大学从 20 世纪 80 年代初开始，从观赏性和艺术价值方面对河北核桃进行系统研究，发现河北核桃的坚果硬壳发达而坚硬，纹理起伏大而变化丰富，非常美观大方，可作为工艺品摆放在装饰架上或展品橱中欣赏，也可作为健身器材手握一对玩耍（揉手）以舒筋活血，堪称艺术核桃。河北农业大学通过对河北核桃资源调查、中试比较及核型分析、生理生化特性等的系统研究，在河北核桃野生种群中选育出了首个用于观赏及艺术加工等新用途的新品种“艺核 1 号”，其坚果主要特征是：底座平整，个大美观，纵径平均 4.96 厘米，横径平均 4.39 厘米，属大果型，底座平，纹理粗深，缝合线突出；壳厚不易开裂，内隔壁发达，骨质，取仁极难。纹理起伏及变化丰富，极具观赏、健身及收藏价值，尤其是“艺核 1 号”坚果皮厚质坚，纹理粗犷，起伏大，非常适合雕刻。

5. 野核桃（*J. cathayensis* Dode） 又称华核桃、山核桃。分布于甘肃、陕西、江苏、安徽、湖北、湖南、广西、四川、贵州、云南、台湾等地。

乔木或有时呈灌木状，树高通常 5～20 米。小枝灰绿色，被腺毛。奇数羽状复叶，小叶 9～17 枚；雄花序长 18～25 厘米；

雌花序直立，串状着生雌花 6～10 朵；果实卵圆形，先端急尖，表面黄绿色，密被腺毛；坚果卵状或阔卵状，顶端尖，壳坚厚，具 6～8 棱脊，棱脊间有不规则排列的刺状突起和凹陷，内隔壁骨质，仁小，内种皮黄褐色，极薄。可作核桃品种的砧木。

6. 黑核桃（*J. nigra* L.） 也称美国东部黑核桃，原产北美洲，是珍贵的木材树种。木材结构紧密，力学强度高，纹理细腻，色泽高雅，是优质材用树种，尤宜作胶合板材，广泛用于家具装饰业。东部黑核桃树体高大，根深叶茂，抗逆性强，也是理想的农用防护林和城市绿化树种。现在北京、山西、河南、江苏、辽宁、河南等省、直辖市均有引种。

高大落叶乔木，树高可达 30 米以上；树皮暗褐色或棕色，沟纹状深纵裂。小枝灰褐色或暗灰色，具短柔毛。奇数羽状复叶，小叶 15～23 枚；雄性柔荑花序，长 5～12 厘米，雄花具雄蕊 20～30 枚；雌花序穗状簇生小花 2～5 朵；果实圆球形，浅绿色，表面有小突起，被柔毛。坚果圆形或扁圆形，先端微尖，壳面具不规则的纵向纹状深刻沟，坚厚，难开裂。

黑核桃兼收坚果和木材，而且木材的品质好，尤其是大径优质材，可作胶合板材，价值很高。但这是一项长期投资项目，要在 60 年以上才能培育出这样的优质树（干高在 6 米左右，生长速度中等而且比较一致，故纹理美观，无节疤，通直，色泽好）。东部黑核桃仁的加工产品价格高于普通核桃仁，但因坚果出仁率低，经济效益较差，目前作为果用或果材兼用尚缺少理想品种。

黑核桃也可作为核桃的优良砧木，目前正在试验之中，初步认为黑核桃与核桃的嫁接亲和力强，成活率高。

7. 吉宝核桃（*J. sieboldiana* Max.） 又称鬼核桃、日本核桃。本种原产日本，30 年代引入我国，现在辽宁、吉林、山东、山西等省有少量种植。

落叶乔木，高达 20～25 米；树皮灰褐色或暗灰色，成年时浅纵裂。小枝黄褐色，密被细腺毛，皮孔白色，长圆形，略隆起。奇数羽状复叶，小叶 9～19 枚；雄花序柔荑下垂，长 15～20 厘米；雌花序穗状，疏生 5～20 朵雌花；果实长圆形，先端突尖；坚果有 8 条明显的棱脊，棱脊间有刻点，缝合线突出，壳坚厚，内隔骨质，取仁困难。

8. 心形核桃（*J. cordiformis* Max.） 又称姬核桃。原产日本，30 年代引入我国。现在辽宁、吉林、山东、山西、内蒙古等省、自治区有少量栽培。

本种树木形态与吉宝核桃相似，其主要区别在果实。心形核桃果实为扁心脏形，个较小，壳面光滑，先端突尖，非缝合线两侧较宽，缝合线两侧较窄，其宽度约为非缝合线两侧的 1/2。非缝合线两侧的中间各有一条纵凹沟。坚果壳厚，无内隔壁，缝合线处易开裂，可取整仁，出仁率 30%～36%。

二、山核桃属

山核桃属有 18 个种 3 个变种，价值较高实行人工栽培的仅原产北美的长山核桃（又称薄壳山核桃）和中国山核桃。

1. 山核桃（*Carya cathayenyensis* Sarg） 别名山核、山蟹、小核桃。山核桃为中国特产，主产浙皖交界以浙江临安昌化镇为中心的天目山区，包括浙江的临安、淳安、桐庐、安吉，安徽的宁国、歙县、旌德、绩溪等县市，地理位置在北纬 29°～31°，东经 118°～120°之间狭小地区，总面积近 4 万公顷，年产量 1 万多吨，其中临安、宁国、淳安三县市为中心产区。

山核桃为落叶乔木，最高可达 20 米左右，树皮光滑，幼时青褐色，老树灰白色。裸芽、新梢、叶背以及核果外表均密被橙黄色腺体。奇数羽状复叶；小叶 5～7 片，卵形或卵状披针形，长 10～14 厘米，基部楔形，先端渐尖，边缘锯齿尖细，沿中脉有柔毛。雌雄同株异花，雄花为三出柔荑花序，雌花为顶生穗状花序，核果倒卵形，长 2.0～2.5 厘米，有 4 棱，外果皮密生黄色腺体，4裂果，果核卵圆形，顶端短尖，基部圆形，壳厚有浅皱纹。

山核桃为重要干果和木本油料树种，其坚果千粒重3 040～4 425克，出仁率43.7%～54.3%，干仁含油率69.80%～74.01%，为含油率最高的树种之一。山核桃油味清香，颜色淡黄似芝麻油，其脂肪酸组成以油酸、亚油酸等不饱和脂肪酸为主，不饱和脂肪酸含量占88.38%～95.78%，超过油茶、油橄榄等，是易消化和防治高血脂、冠心病的优良食用油。其果肉含有9%左右的蛋白质，17种氨基酸，20种矿物元素，特别是钙、镁、钾含量为干果之首。山核桃果肉香脆可口，加工产品有椒盐、奶油、五香等，其仁可制各种糖果糕点，山核桃榨油后的油饼，可作肥料及猪饲料，外果皮可烧灰制碱，为化工医药和轻工业原料。山核桃树型优美，木材坚硬，既是重要经济树种，又是优良用材树种，特别适宜在石灰土上生长，是重要的生态经济树种。

现有山核桃林大多数是由野生苗（树）就地抚育而成，实生苗造林要7年以上才能结果，进入盛果期要18年以后；山核桃树干高耸，产量低而且采收不便；山核桃优良品种类型和单株选择由于无性繁殖不过关，难以推广，至今还没有品种化。

2. 长山核桃（*Carya illinoensis* Koch） 别名美国山核桃、培甘、薄壳山核桃。原产美国，是当地重要干果。我国云南、浙江等地有引种栽培。

落叶乔木，在原产地最大的树高达55米，胸径2.5米。10年生以上树体老皮呈灰色，纵裂后片状剥落。奇数羽状复叶，每个复叶上有11～17个小叶，互生，长10～18厘米，宽4～6厘米，椭圆状披针形或微弯成镰形，边缘有锯齿。冬芽芽鳞外有灰色柔毛，幼枝有淡灰色毛。雌雄同株异花。雄花着生在柔荑花序上，柔荑花序由一年生枝侧芽形成，每个混合芽有2束花，每束花有2～3个下垂的柔荑花序，每个花序约有110朵雄花，每朵雄花有3～7个花粉囊，每1花粉囊内约有2 000粒花粉。雌花着生于当年新梢顶端，穗状花序，每穗有雌花3～10朵，雌花的数目与品种及枝条生理状况有关。长山核桃的花为风媒花，多数品种内自花结实。果长圆形，长3.5～8厘米，具纵棱脊，外被黄色或灰黄色腺鳞，果实成熟时，坚果外的青果皮呈有规则的四瓣裂开；坚果长圆形或长椭圆形，长2.5～6厘米，光滑，淡褐色，具暗褐色斑痕和条纹，壳较薄；仁味美，有香气，品质极佳。

我国的长山核桃首先是在20世纪初，由一些传教士、商人、外交使节以及科技人员从美国、法国等地方带入种子，作为观赏树种零星种植在教堂、港口、码头周围。20世纪20～70年代，一些大学和科研部门的学者以城市绿化、获取木材和坚果为目的，多次从美国引入种子、苗木，先后在江苏南京、浙江杭州、江西九江、福建莆田、北京和安徽合肥等地小面积种植。自20世纪70年代以来，一些大学和科研部门以获取坚果为主要目的，大规模、系统性地引进无性系品种，建立了长山核桃的基因库、良种采穗圃、品种园和丰产示范园。

1982—1986年，浙江省科学院亚热带作物研究所联合浙江农学院等单位，对全国14个省、直辖市的长山核桃资源进行了调查，初选和收集了70个优良单株。“八五”至“十五”计划期间，云南省林业科学院开展了长山核桃引种、嫁接苗快速培育技术、容器育苗技术、良种采穗圃快速营建技术、幼树速生早实栽培技术、初盛果树丰产稳产技术、病虫害防治技术、栽培区划等系统研究。目前长山核桃已在云南省退耕还林、农业综合开发等工程项目中推广，用良种嫁接苗造林10 000多亩*。云南在林业产业发展的长期规划中作出了10年内发展长山核桃20万亩计划，以培植继核桃之后的干果新产业。

---

* “亩”为非许用单位。1亩≈667平方米。

三、主要栽培品种

在核桃属和山核桃属中，我国栽培最多的主要是普通核桃和漾濞核桃两个种，山核桃和薄壳山核桃在浙江、安徽及云南地区有一定规模，河北核桃作为把玩核桃近年来发展较快，也有少量栽培。

（一）普通核桃品种

在普通核桃中，按实生苗结果的早晚分为早实核桃（2～4年）和晚实核桃（5～10年）。早实核桃具有结果早、侧芽形成混合芽比例高、易丰产等特点，适合密植丰产栽培。早实核桃品种的选育工作进展也较快，我国首批16个早实核桃优良品种已通过区域试验，并发展了一些早实核桃的丰产试验园。但早实核桃的抗性较差，要求栽培管理水平较高，大量结果后树势容易衰弱，易罹病害。晚实核桃进入结果期较晚，但经济寿命较长，适应性较强。近年来也选育和引进了一些优良品种。

我国普通核桃的发展应以晚实品种为主，在立地条件较好、管理水平较高的地方，可适当发展一些早实核桃品种。

1. 早实核桃品种

（1）辽宁1号　辽宁省经济林研究所人工杂交培育而成，亲本为河北昌黎大薄皮（晚实）优株10103×新疆纸皮核桃中的早实单株11001，1980年定名，已在辽宁、河南、河北、陕西、山西、北京、山东、湖北等地大面积栽培。坚果圆形，果基平或圆，果顶略呈肩形。坚果重9.4克，壳面较光滑，色浅；缝合线微隆起，结合紧密，壳厚0.9毫米，内褶壁退化，可取整仁，出仁率59.6%。种仁饱满，黄白色，风味佳。雄先型品种，长势强，枝条粗壮，果枝率高，丰产。适应性强，比较耐寒、耐旱，抗病性强。坚果品质优良，适宜在我国北方核桃栽培区发展。

（2）香玲　山东果树研究所人工杂交培育而成，亲本为早实优系上宋5号×阿克苏9号，1989年定名，主要栽培于山东、河南、山西、陕西、河北等地。坚果卵圆形，基部平，果顶微尖。坚果重12.2克左右，最大14克。壳面刻沟浅，光滑美观，浅黄色；缝合线较窄而平，结合紧密，壳厚0.9毫米左右，内褶壁退化，可取整仁，出仁率65.4%左右。种仁充实饱满，色浅黄，味香。雄先型品种，树势较旺，树姿较直立，分枝力较强。适应性较强，丰产，适宜在山区土层较深厚和平原林粮间作栽培。

（3）扎343　新疆林业科学研究所从阿克苏地区扎木台试验站实生早实核桃中选育而成，1989年通过林业部鉴定。坚果椭圆或卵圆形，壳面光滑美观，单果重15.5克，壳厚1.2毫米，出仁率52%～56%，仁色浅黄。树势旺盛，树姿半开张，中短果枝结果，每果枝2～3果居多。在扎木台地区4月中旬开花，属雄先型，9月中旬果实成熟。该品种早实、丰产、稳产，适合于密植。抗寒、抗病和耐旱性较强。应加强肥水管理，合理负载，避免早衰。

（4）辽宁5号　辽宁省经济林研究所人工杂交培育而成。已在辽宁、河南、河北、陕西、山西、北京等地栽培。坚果椭圆形，果基圆形，果顶略细，微尖。坚果重10.3克，壳面光滑，色浅；缝合线宽而平，结合紧密，壳厚1.1毫米，内褶壁退化，可取整仁或1/2仁，出仁率54.4%。种仁饱满，浅黄褐色，风味佳。雌先型品种，树势中等，树姿开张，分枝力强，果枝率高，丰产。适应性强，坚果品质优良，适宜在我国北方核桃栽培区发展。

（5）北京861　北京市林业果树研究所从新疆核桃实生苗中选育而成，1989年通过林业部鉴定。坚果圆形，壳面较光滑，单果重10～12克，三径平均3.4厘米，壳皮厚0.9毫米，横隔膜质，容易取仁，核仁充实饱满，出仁率67%。树势中庸，树姿较开张，较丰产。北京地区4月上旬发芽，4月下旬雌花盛期，4月底至5月初雄花盛期，8月下旬果实成熟，属早熟型。较抗寒、耐旱，抗病力强。结果多时果实变小，应注意疏果和加强肥水管理。适于密植栽培。

(6) 中林5号　中国林业科学研究院人工杂交培育而成，1989年通过林业部鉴定。坚果圆形，三径平均3.3厘米，壳面光滑，颜色黄白，壳厚1.0毫米，横隔膜质，容易取仁，出仁率60%，核仁饱满色浅，品质上。树势中庸，树姿较开张，分枝力强，枝条粗节间短，以短果枝结果为主，丰产。北京地区4月下旬雌花盛期，5月初雄花盛期，属雌先型，8月下旬果实成熟，属早熟品种。抗病力、抗寒力和耐旱性均较强。该品种属短枝型。在条件较好的地方，宜密植栽培。因其丰产性很强，坐果率高，结果多时果实变小，应进行疏果和加强肥水管理。

(7) 强特勒（Chandler）　美国主栽品种，1984年引入我国，现在河南、北京等地有栽培。果实长圆形，纵径5.4厘米，横径4.0厘米，侧径3.8厘米，坚果大，平均单果重12.8克，单仁重6.3克，壳厚1.5毫米，壳面光滑，缝合线平，结合紧密。取仁容易，出仁率50%。核仁色浅，品质极佳，丰产性强。树体中等大小，树势中庸，树姿直立，丰产。北京4月15日发芽，雄花期4月20日左右，雌花期5月上旬，雄先型。坚果成熟期9月10日左右。该品种适合在温暖的北亚热带气候区栽培。

(8) 爱米格（Amigo）　美国主栽品种，1984年引入我国，现在河南、北京等地有栽培。坚果长圆形，平均果重10克，壳色中等，表面较光滑，缝合线平，结合紧密，壳厚1.4毫米。取仁容易，出仁率53%，仁浅色。雄先型，在北京4月中旬发芽，4月下旬为雌花盛期，5月上旬为雄花序散粉期，9月上旬坚果成熟。该品种树体较小，树姿较开张，丰产。适于密植栽培，可在北京及其以南地区栽植。

(9) 绿波　河南省林业科学研究所从新疆核桃实生后代中选出，1989年定名，主要栽培于河南、山西、河北、陕西、辽宁、甘肃、湖南等地。坚果卵圆形，果基圆，果顶尖。坚果重11克左右，最大14克。壳面较光滑，有小麻点，色较浅；缝合线较窄而凸，结合紧密，壳厚1.0毫米，内褶壁退化，可取整仁，出仁率59%左右。种仁充实饱满，色浅黄，味香。雌先型品种。树势强，树姿开张，分枝力中等。适应性强，抗果实病害，丰产、优质，宜加工核桃仁，适宜在华北黄土丘陵区栽培。

(10) 丰辉　山东省果树研究所人工杂交而成，1989年通过林业部鉴定。坚果长圆形，平均单果重8.85克，最大12.8克，三径平均3.38厘米。壳面光滑，壳厚1.05毫米，可取整仁，出仁率57.6%，仁色中等。树姿直立紧凑、呈半圆形，短果枝结果早。结果过多时果实变小，果枝变细，严重时枝条枯死，应注意加强肥水管理和疏花疏果。山东泰安地区3月下旬发芽，4月中旬雄花盛期，4月下旬雌花盛期，属雄先型，8月下旬果实成熟。不耐干旱，抗病力和抗寒力较强。

(11) 特哈玛　美国主栽品种，1984年引入我国。现在河南、北京有栽培。坚果椭圆形，坚果重11克。壳面较光滑，缝合线略突起，结合紧密，壳厚1.5毫米。易取仁，出仁率50%以上。核仁色浅，丰产。雌先型品种，树势较旺，树姿直立，适宜用作农田防护林。发芽较晚，可免遭春季晚霜危害。适合在北京及其以南地区栽培。

(12) 契可 (Chico)　美国主栽品种，1984年引入我国，现在河南、北京、辽宁地区有栽植。坚果略长圆形，果基平，纵径4.0厘米，横径3.5厘米，侧径3.4厘米，坚果小，重8克。壳色浅，光滑，缝合线紧密，壳厚1.5毫米，容易取仁，出仁率为50%，70%为浅色仁。早期丰产性强。树体较小，树冠圆形，直立，适于密植栽培，侧芽结实率达90%～100%。每雌花序有2朵雌花。在北京地区4月上旬发芽，雌花期4月25日，雄花序散粉期在4月20～25日，属雌先型品种。坚果成熟期在9月上旬。

(13) 维纳（Vina） 美国主栽品种，1984年引入我国，现在河南、北京、辽宁地区有栽植。坚果锥形，果基平，果顶渐尖，坚果重11克，壳厚1.4毫米，壳色中等，光滑，缝合线略宽而平，结合紧密，取仁容易，仁色浅，出仁率50%。早期丰产性强。树体中等大小，树势强，树姿较直立，丰产。雄先型。北京地区4月中旬发芽，4月22～26日雄花散粉，4月26～30日为雌花期，9月上旬坚果成熟。

(14) 中林1号 中国林业科学研究院人工杂交培育而成，亲本为涧9-7-3×汾阳串子，1989年定名。主要栽培于河南、山西、陕西、四川、湖北等地。坚果圆形，果基圆，果顶扁圆。坚果重14克。壳面较粗糙；缝合线突起，结合紧密，壳厚1.0毫米，内褶壁略延伸，膜质，可取整仁或1/2仁，出仁率54%左右。种仁充实饱满，浅至中色。雌先型品种，树势较强，树姿较直立，分枝力强。适应性较强，丰产，适宜在华北、华中及西北地区栽培。

(15) 鲁光 山东果树研究所人工杂交培育而成，亲本为新疆卡卡孜×上宋6号，1989年定名。主要栽培于山东、河南、山西、陕西、河北等地。坚果长圆形，果基圆，果顶微尖。坚果重16.7克。壳面刻沟浅，光滑美观，浅黄色；缝合线窄平，结合紧密，壳厚0.9毫米左右，内褶壁退化，易取整仁，出仁率59.1%左右。核仁充实饱满，味香。雄先型品种，树势中庸，树姿开张，树冠呈半圆形。分枝力较强。适应性较强，丰产，不耐干旱，适宜在土层深厚的立地条件栽培。

(16) 温185 新疆林业科学研究院从新疆温宿县木本粮油林场卡卡孜实生后代中选出，1989年定名。坚果圆形或长圆形，果基圆，果顶渐尖。壳面光滑色浅。单果重15.8克，壳厚0.8毫米，出仁率65.9%，仁色浅。树势强，树姿较开张，中短果枝结果。属雌先型，8月下旬果实成熟。该品种早实、丰产、稳产，适合于密植。

(17) 西林1号 西北林学院从新疆核桃实生园中选出，1984年定名。主要栽培于陕西、甘肃、河南、河北、山东、山西等地。坚果长圆形，果基圆形，果顶较平。坚果重10克，壳面光滑，略被小麻点；缝合线窄而平，结合紧密，壳厚1.16毫米左右，内褶壁退化，易取整仁，出仁率56%。核仁充实、饱满，脆香。雄先型品种，树势强，树姿开张，丰产。分枝力较强，节间较短。耐瘠薄土壤，抗旱、抗寒、抗病性均较强。适宜于华北、西北及中原地区栽培。

(18) 辽宁7号 辽宁省经济林研究所人工杂交培育而成。已在辽宁、河南、河北、陕西、山西等地大量栽培。坚果圆形，果基圆，果顶圆。坚果重10.7克，壳面光滑，色浅；缝合线窄而平，结合紧密，壳厚0.9毫米，内褶壁退化，可取整仁，出仁率62.6%。种仁饱满，黄白色，风味佳。雄先型品种，树势较强，果枝率高，连续丰产能力强。适应性强，坚果品质优良，适宜在我国北方核桃栽培区发展。

(19) 希尔（Serr） 美国主栽品种，1984年引入我国。现在河南、北京等地有栽植。坚果大，略椭圆形，平均果重12克，壳1.2毫米，壳面光滑，缝合线结合较紧密，取仁容易，出仁率59%。核仁浅色，产量较低。北京地区4月上旬发芽，雄花散粉期在4月22～25日，雌花期4月25～28日，雄先型。坚果9月上旬成熟。该品种坚果较大，品质优良，树势旺盛，可作为果材兼用品种。

(20) 西扶1号 西北林学院从扶风隔年核桃实生树选育而成，1989年通过林业部鉴定。坚果长圆形，单果重12.5克，三径平均3.17厘米，壳面较光滑，壳皮厚1.2毫米，横隔膜质，取仁容易，出仁率56%。核仁饱满色浅，风味甜香，品质上等。树势强壮，树姿较开张。高接第2年成花结果，第4年树高5.6

米，侧生结果枝率77.8%。株产8.57千克，每平方米树冠投影产仁290克。陕西3月底发芽，4月下旬雄花盛期，5月初雌花盛期，柱头红色，雌、雄花期相距10天左右，属雄先型，9月中旬果实成熟。该品种抗病、抗寒和耐旱性强，坐果率高，丰产性很强，适于密植栽培，应注意疏果和加强肥水管理。

（21）西林2号　西北林学院从新疆核桃实生树中选育而成，1989年通过林业部鉴定。坚果圆形，三径平均3.94厘米，单果重17克，最大20克，属大果型。壳面较光滑，壳厚1.2毫米，横隔膜质，取仁容易，出仁率61%，核仁饱满，淡黄色，味脆甜香，品质上。树姿开张，分枝力强，节间较短，丰产。陕西3月下旬发芽，4月中旬雌花盛期，雄花盛期晚于雌花2～3天，属雌先型，9月中旬果实成熟。适应性和抗病力强，较抗寒和耐旱。

（22）陕核1号　陕西省果树研究所从扶风隔年核桃中选育而成，1989年通过林业部鉴定。坚果圆形，三径平均3.48厘米，单果重14克，壳面光滑美观，壳皮厚1.0毫米，出仁率60%，仁色较浅。树姿半开张，枝条粗短，分枝力强，短果枝结果为主，丰产。陕西陇县4月中旬发芽，5月上旬雌花盛期，4月下旬雄花盛期，属雄先型。抗病、抗寒及耐旱均较强。

（23）新新2号　新疆林业科学研究院从新疆新和县依西里克乡吾宗卡其村的实生树中选出，1990年定名。坚果长圆形，果基圆，果顶稍细，坚果重11.63克。壳面光滑，浅黄褐色，壳厚1.2毫米，缝合线结合紧密，横隔膜质，取仁容易，出仁率53.2%，核仁饱满，色浅，味香。树势中等，树姿直立，早期丰产。雄先型，9月上中旬果实成熟。较抗寒、抗病和耐旱。

（24）寒丰　辽宁省经济林研究所以新疆早实核桃（*J. regia*）为母本，日本心形核桃（*J. cordiformis*）为父本，通过种间杂交育成，1992年定名，辽宁、河北、山西、陕西、甘肃、新疆等地引种栽培。坚果长圆形，平均坚果重14.4克，壳厚 1.2 毫米，壳面光滑，内褶壁退化或膜质，取仁容易。仁重 7.5 克，出仁率 52.8%。种皮黄白色。以中短果枝结果为主，每雌花序结果 2～3 个，丰产。在大连地区 4 月中下旬发芽，5 月中旬雄花散粉，5 月下旬雌花盛开，比普通品种晚 25 天左右，可躲避北方晚霜和春寒危害。9 月中旬果实成熟。

(25) 新早丰　新疆林业科学研究院从阿克苏地区早丰薄壳品种群中选出，1989 年通过林业部鉴定。坚果卵圆形，果顶突出，坚果重 13 克，三径平均 3.5 厘米。壳面光滑色浅而美观，壳皮厚 1.2 毫米，缝合线平而较松，横隔膜质，取仁容易，出仁率 51%，仁饱满色浅，品质中上。树势中等，树姿较开张，丰产。阿克苏地区 4 月上旬雄花盛期，4 月中旬至 5 月上旬雌花盛期，相距 15～20 天，属雄先型，9 月上旬果实成熟。较抗寒、抗病和耐旱。

2. 晚实核桃

(1) 清香　日本清水直江从晚实核桃实生群体中选出，1948 年登记，1983 年引入我国。我国大部分核桃产区均有栽培，表现良好。坚果较大，平均单果重 12.4 克，近圆锥形，大小均匀，壳皮光滑淡褐色，外形美观，缝合线紧密。种仁饱满，内褶壁退化，取仁容易，出仁率 52%～53%。种仁含蛋白质 23.1%，粗脂肪 65.8%，碳水化合物 9.8%，仁色浅黄，风味极佳。树体中等大小，树姿半开张，雄先型。幼树生长较旺，结果后树势稳定。丰产性好。该品种抗寒、抗晚霜、抗病性均很强。

(2) 晋龙 1 号　山西省林业科学研究所从汾阳县晚实实生核桃中选出，1991 年定名。主要栽培于山西、北京、山东、江西等地。坚果近圆形，果基微凹，果顶平。坚果重 14.85 克。壳面较光滑，有小麻点；缝合线窄而平，结合较紧密，壳厚 1.09 毫米左右，内褶壁退化，易取整仁，出仁率 61%左右。核仁充实饱满，味香甜。雄先型品种，幼树树势较旺，结果后逐渐开张，分枝力中等，较丰产。抗寒、耐旱、抗病性强。适宜在华北、西北地区栽培。

（3）礼品2号　辽宁经济林研究所从实生核桃园中选出，1989年定名。主要栽培于辽宁、河北、北京、山西、河南等地。坚果长圆形，果基圆，果顶圆微尖。坚果重13.5克。壳面光滑，色浅；缝合线窄而平，结合较紧密，壳厚0.7毫米，内褶壁退化，极易取整仁，出仁率67.4%。核仁充实饱满，色浅，风味佳。雌先型品种，树势中庸，树姿半开张，分枝力较强。丰产抗病，适宜在我国北方核桃栽培区栽培。

（4）哈特雷（Hartley）　美国主栽品种，1984年引入我国，现在河南、北京、辽宁、山东等地栽培。坚果圆锥形，果基平，果顶渐尖，坚果重14.5克。壳面光滑，缝合线平，结合紧密，出仁率46%左右，90%为浅色仁。该品种形似钻石，外形美观，为美国市场最主要的带壳销售品种。树体中等偏大，树姿半开张，在肥沃土壤上生长旺盛，侧芽结实率10%。开始结果年龄较晚，但盛果期产量很高。美国加利福尼亚州4月上旬展叶，4月下旬至5月上中旬开花，属雌先型品种，坚果9月中旬成熟。在土壤瘠薄或水分不调时，易发生树皮深层溃疡病而限制该品种的发展。适宜在北亚热带气候区栽培。

（5）西洛1号　西北林学院从洛南晚实核桃实生树中选育而成，1984年通过省级鉴定。坚果近圆形，三径平均3.6厘米，单果重13克，壳面较光滑，缝合线紧密，壳厚1.13毫米，取仁容易，出仁率57%，核仁饱满浅色，风味香脆，品质上。树势旺盛，树姿直立，盛果期后逐渐开张，分枝力强，丰产性强。陕西3月底发芽，4月下旬雄花盛期，5月上旬雌花盛期，相差10天左右，9月中旬果实成熟。抗寒、抗病、耐瘠薄、耐旱力强。

（6）福兰克蒂（Franquette）　法国品种，在欧美各地核桃产区均有大量栽植。坚果较小，平均果重11.09克。缝合线紧密，出仁率46%，核仁色极浅。该品种最大的特点是早春萌芽及开花较晚，可避开晚霜危害。树体高大，直立性强，一般只有顶芽能够结果，较丰产，宜大冠稀植栽培。

(7) 西洛3号　西北林学院从洛南晚实核桃实生树中选育而成，1987年通过省级鉴定。坚果近圆形，三径平均3.66厘米，单果重14克，壳面光滑，略有刻点，缝合线紧密，壳厚1.2毫米，取仁容易，出仁率56%。核仁饱满色浅，风味甜香，品质上。树势强健，分枝力中等。陕西4月上旬发芽，5月初雌花盛期，9月上旬果实成熟。抗寒、抗病力强，耐旱、耐瘠薄、易丰产。

（二）漾濞核桃品种

漾濞核桃是我国西南高海拔山区的重要经济树种。实行嫁接繁殖已有200多年的历史，栽培品种也较多。迄今，漾濞核桃种群尚未发现早实类群而均系晚实类群。

1. 大泡核桃　又名漾濞泡核桃，为云南早期无性优良品种，已有300多年的栽培历史。坚果扁圆形，三径平均3.5厘米，单果重12～13克，壳面刻点多而深，缝合线隆起，结合紧密，壳厚1.0毫米，内褶壁纸质，取仁容易，出仁率55%～58%，核仁饱满，香甜。树势较强，树姿直立，中短果枝结果为主，丰产。漾濞地区3月上旬发芽，3月下旬雄花盛期，4月中旬雌花盛期，9月中旬果实成熟。

2. 娘青核桃　云南早期无性系品种，坚果卵圆形，三径平均3.3厘米，单果重11～12克。壳面较粗糙，缝合线略凸而紧密，壳厚1.2～1.3毫米，内褶壁与横隔革质，取半仁，出仁率41%～47%，核仁饱满淡紫色。树势开张，冠形紧凑，丰产。3月上旬发芽，3月下旬雄花盛期，4月上旬雌花盛期，9月中下旬果实成熟，属雄先型。该品种抗病性和适应性较强，宜作仁用品种。

3. 三台核桃　别名草果形核桃。主要分布于云南大姚县、宾川县、祥云县等地。坚果倒卵圆形，果基尖，果顶圆，坚果重

9.49～11.57克。壳面较光滑，色浅；缝合线窄，上部略突起，结合紧密，壳厚1.0～1.1毫米左右，内褶壁及横隔膜膜质，易取整仁，出仁率45%～51%。核仁充实饱满，色浅，味香。雄先型品种，树势旺，树姿开张，丰产，优质，是云南商品核桃生产的主栽品种之一。

4. 穗状核桃 又名串核桃。主要栽培于黔西北高寒山区。每雌花序着生10～20朵雌花，多者达30朵以上，每果序5～10个果，多者达20个以上。坚果长扁圆形，果基微凹，果顶急尖，坚果重8.8克。壳面略麻，缝合线较窄而突起，结合紧密，壳厚0.9毫米，内褶壁退化，横隔膜膜质，易取整仁，出仁率60%，核仁充实饱满，色浅，味香。雄先型品种，树势强，树姿开张，分枝力强。耐寒、耐旱，树干及果实感病率低，在黔中气候温和地区易遭象鼻虫、天牛为害。适宜在西南高山地区栽培。

5. 细香核桃 别名细核桃。为云南早期无性繁殖优良品种之一。主要栽培于滇西昌宁县、龙陵县、保山县、施甸县、腾冲县等地。坚果圆形，果基和果顶较平，坚果重8.9～10.1克。壳面麻，缝合线较宽、突起、结合紧密，壳厚1～1.1毫米，内褶壁及横隔膜膜质，易取整仁，出仁率53.1%～57.1%，核仁充实饱满，色浅，味香。雄先型品种，树势强，树姿开张。丰产性好，适宜作加工品种。

6. 圆菠萝核桃 别名阿本冷核桃。为云南早期无性繁殖优良品种之一。主要栽培于云南云龙县、漾濞县、永平县、洱源县等地。坚果短扁圆或圆形，果基圆，果顶平，坚果重10.9克。壳面麻，刻点大而浅，缝合线中上部略突起，结合紧密，壳厚1.1～1.2毫米，内褶壁及横隔膜革质，能取1/2仁，出仁率50%～55%，核仁充实、饱满，色浅，味香。雄先型品种，树姿开张，树冠紧凑。较丰产，可在高海拔地区（低于2 600米）栽培。

（三）普通核桃与漾濞核桃种间杂交品种

20世纪70年代后期，云南林业科学院采用漾濞核桃与普通核桃早实类群杂交，亲本为云南晚实漾濞核桃和从新疆引进的早实核桃云林 A_7 号，1986年无性系测定，1990年定为优系，获得了5个种间杂交种。这些品种兼具两亲本的优良性状，既有漾濞核桃的壳薄、风味好和抗逆性强的性状，又有始果期早、侧生混合芽率高等丰产性状。

1. 云新1号 坚果长扁圆形，坚果重13.4克。壳面刻点大而浅，缝合线中上部略突起，结合紧密，壳厚1.0毫米，内褶壁退化，横隔膜膜质，可取整仁，出仁率52.2%，核仁较饱满，色浅，风味香甜。雌先型品种，树势强健，树冠紧凑，分枝力强。早实，丰产。已在云南昆明、漾濞、双江、云县、丽江等地栽培。

2. 云新2号 坚果扁圆球形，纵径3.9厘米，横径4.1厘米，侧径3.4厘米，坚果重13.3克，核仁重7.4克，出仁率55.7%。壳面刻点大而浅，缝合线微凸，结合紧密，壳厚1.0毫米。内褶壁不发达，横隔膜膜质，可取整仁。核仁饱满，仁色浅，含粗脂肪68.1%，风味香甜。树势较旺，树冠紧凑，分枝力强，为中短果枝类型，丰产。在漾濞3月上旬发芽，3月中下旬展叶抽梢，3月底雌花成熟，4月初雄花散粉，雌先型。9月中旬坚果成熟。已在云南的昆明、漾濞、双江、云县、丽江等地栽植。

3. 云新3号 坚果扁圆球形，纵径3.3厘米，横径3.5厘米，侧径3.2厘米，坚果重10.7克，核仁重5.8克，出仁率54.3%。壳面刻点大而浅，缝合线中上部微凸，结合紧密，壳厚1.0毫米。内褶壁不发达，横隔膜膜质，可取整仁。核仁饱满，仁色黄白，含脂肪70.3%，风味香甜。树势较旺，树冠紧凑，分枝力强，为中短果枝类型，丰产。在漾濞3月上旬发芽，3月中旬展叶抽梢，3 月下旬雄花成熟散粉，4 月上旬雌花成熟，为雄先型。9 月下旬坚果成熟。已在云南昆明、漾濞、双江、云县、丽江等地栽植。

4. 云新 4 号 坚果圆球形，纵径 3.2 厘米，横径 3.6 厘米，侧径 3.2 厘米，坚果重 9.2 克，核仁重 5.6 克，出仁率 61.7%。壳面麻点浅大，缝合线中上部略突起，结合紧密，壳厚 0.9 毫米。内褶壁不发达，横隔膜膜质，可取整仁。核仁饱满，仁色浅，含脂肪 66.7%，风味香。树势强旺，树冠紧凑，分枝力强，为短果枝类型，丰产。在漾濞 3 月上旬发芽，3 月中下旬展叶抽梢，4 月上旬雌花成熟，雄先型。9 月上旬坚果成熟。已在云南昆明、漾濞、双江、云县、丽江等地栽植。

5. 云新 5 号 坚果扁圆球形，纵径 3.3 厘米，横径 3.4 厘米，侧径 3.1 厘米，坚果重 9.3 克，核仁重 5.18 克，出仁率 55.4%。壳面刻点浅而大，缝合线中上部微突起，结合紧密，壳厚 0.9 毫米。内褶壁不发达，横隔膜膜质，可取整仁。核仁饱满，仁色黄白，含脂肪 68.0%，风味香甜。树势较旺，树冠紧凑，分枝力强，为中、短果枝类型，丰产。在漾濞 3 月上旬发芽，3 月中旬展叶抽梢，3 月下旬雌花成熟，同时雄花成熟散粉，雌雄同熟型。9 月中旬坚果成熟。已在云南昆明、漾濞、双江、云县、丽江等地栽植。

第3章 核桃生长结果特性

一、根　系

（一）根系生长动态

核桃属深根性树种。主根较深，侧根水平伸展较广，须根细长而密集。在土层深厚的土壤中，成年核桃树主根深度可达6米，侧根伸展可达12～14米，根系集中层为地面以下20～60厘米，约占总根量的80%以上，核桃1～2年生实生苗则表现主根生长速度高于地上部。3年生以后，侧根生长加快，数量增加。随树龄增加，水平根扩展加速，营养积累增加，地上枝干生长速度超过根系生长（表4）。

表4　核桃树枝干生长与根系（河北农业大学）

树龄	树高（厘米）	垂直根最大深度（厘米）	枝干总重量（克）	根系总重量（克）
1年生	25.9	138	101.2	100.2
2年生	71.8	159	449.1	498.7
9年生	409.0	320	25 969.6	10 634.0

核桃根系1年中大约有3次生长高峰。第1次在萌芽前至雌花盛花期，第2次在6～7月份，第3次在落叶前后。

（二）根系与土壤的关系

成龄核桃树根系生长与土壤种类、土层厚度和地下水位有密切关系。土壤条件和土壤环境较好，根系分布深而广。土层薄而干旱或地下水位较高时，根系入土深度和扩展范围均较小。因此，栽培核桃应选土壤深厚，质地优良，含水量充足的地点，有利于根系发育，从而可加快地上部枝干生长，达到早期优质丰产目的。例如栽在土层深厚地方的 11 年生树，垂直根深度为170～200 厘米，侧根水平分布为 480～520 厘米，主要根群集中分布在 40～60 厘米。山坡地土层较薄（仅 36 厘米），垂直根深度 120 厘米，侧根水平伸展 280 厘米左右。生长在黄土中 12 年生核桃树高为 420 厘米，垂直根深度 80 厘米，根系集中分布层为 50～80 厘米，新梢平均长度 35.4 厘米。而在有砾石的红土中，树高 168 厘米，垂直根深度 40 厘米，新梢平均长度 13.6 厘米。由于土壤条件不良，常常导致根系发育差，地上部枝干生长衰弱，造成“小老树”，影响树体的生长和结果。

二、芽、枝和叶的生长特性

（一）芽

根据核桃芽的性质和特点，可分为混合芽（混合花芽）、叶芽（营养芽）、雄花芽和休眠芽（潜伏芽）4 种（图 1）。

1. 混合芽 是指芽内含有枝、叶、雌花原始体的芽体。混合芽萌发后可长出结果枝、叶片和顶端雌花。混合芽一般为单芽，也有双芽。晚实核桃多在结果枝顶端及其以下 1～2 芽形成混合芽，混合芽可单生或与叶芽、雄花芽上下重叠着生于复叶的叶腋处。早实核桃除顶芽着生混合芽外，以下 3～5 个（最多 20 个以上）叶腋间，均可着生混合芽。混合芽体呈近圆形，饱满肥大，一般长 5.6 毫米，粗 5.5 毫米，被覆鳞片 5～7 对。

2. 叶芽 着生在营养枝的顶端及以下叶腋间。侧生叶芽多单生或与雄花芽叠生。从混合芽与叶芽着生比例看，晚实核桃叶

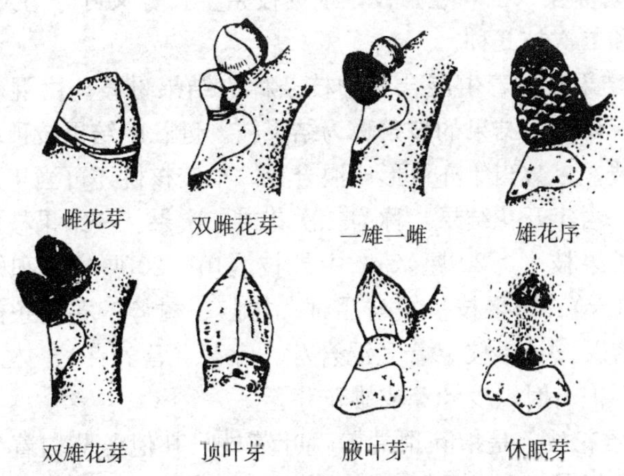

图1 核桃芽的种类

芽数量较多，早实核桃叶芽数量较少。同一枝上叶芽，由下向上逐渐增大。顶端营养芽常呈阔三角形，侧生叶芽多呈半圆形且个体较小。叶芽萌发后，只长枝条和叶片，是树体生长的基础。

3. 雄花芽 裸芽，实际是雄花序。雄花芽主要着生在一年生枝的中部或中下部，单生或双雄芽叠生，或雄花芽与混合芽叠生。雄花芽呈短圆锥形，鳞片极小且不能包被芽体。雄花芽伸长后形成雄花序。雄花芽数量及每雄花序着生雄花的数量，与品种、树势有关。

4. 休眠芽 按其性质应属叶芽的一种，通常着生于枝条下部和基部，在正常情况下不萌发。随枝条停止生长和枝龄增加，芽体脱落而芽原基埋伏于皮内，其寿命可达数十年或百年以上，受到外界刺激可萌发枝条，有利于枝干的更新复壮。

（二）枝条的种类和特性

核桃的枝条一般分为营养枝、结果枝和雄花枝，这些枝条是形成树冠、开花结果的基础。

1. 营养枝 也叫生长枝，根据枝条生长势又可分为发育枝、徒长枝和二次枝 3 种。

2. 结果枝 着生混合芽的枝条称为结果母枝。由混合芽萌发出具有雌花并结果的枝条称为结果枝。健壮的结果枝顶端可再抽生短枝，多数当年亦可形成混合芽。早实核桃还可当年形成当年萌发，当年开花结果，称为二次花或二次果。按结果枝的长度可分为长果枝（>20 厘米）、中果枝（10～20 厘米）和短果枝（<10 厘米）。结果枝长短与品种、树龄、树势、立地条件和栽培措施有关。结果枝上着生混合芽、叶芽（营养芽）、休眠芽和雄花芽，但有时缺少叶芽或雄花芽。

3. 雄花枝 是指除顶端着生叶芽外，其他各节均着生雄花芽而较为细弱短小的枝条。雄花枝顶芽不易分化混合芽。雄花序脱落后，除保留顶叶芽外，全枝光秃，故又称光秃枝。雄花枝多在衰弱树、成龄或老龄树及树冠内郁闭的树上形成。雄花枝多是树势衰弱和品种不良的表现，修剪时多应疏除。

（三）叶

1. 叶的形态 核桃叶片为奇数羽状复叶，复叶的数量与树龄大小、枝条类型有关。复叶的多少对枝条和果实的生长发育影响很大。据报道，着生双果的结果枝，需要有 5～6 个以上的正常复叶才能维持枝条、果实及花芽的正常发育和连续结果能力，低于 4 个复叶，不仅不利于混合花芽的形成，而且果实发育不良。

2. 叶的发育 在混合芽或营养芽开裂后数天，可见到着生灰色茸毛的复叶原始体，经 5 天左右，随着新枝的出现和伸长，复叶逐渐展开，再经 10～15 天，复叶大部分展开，由下向上迅速生长，经 40 天左右，随着新枝形成和封顶，复叶长大成形，10 月底左右叶片变黄脱落，气温较低的地区，落叶较早。

三、开花、坐果

（一）开花

核桃从营养生长过渡到开花结果，是一个极其复杂的过程，既受本身遗传物质的制约，也与内源激素平衡、营养物质积累和一系列生理生化过程有关，同时还受栽培条件与技术措施的影响。晚实核桃实生树通常需要8～9年才能形成混合芽，栽培条件较好时，5～6年即可开花结果，但雄花芽则晚于雌花1～2年出现。而早实核桃只需2～3年，有时播种出苗第1年即可开花结果。根据花的性质可分为雌花和雄花两种，它们着生于同树但不同芽内，故称雌雄同株异花。但早实核桃中偶有雌雄同花序或同花者。

1. 花芽分化 花芽与叶芽起源于相同的芽内生长点；在芽的发育过程中，由于各种内源激素含量及贮藏营养物质水平的不同，一些芽原基向雌花芽和混合芽方向分化，花芽分化是开始进入结果期的标志。

雌花起源于混合芽内生长点，一般于6月中旬开始进入分化期，雌花生理分化期表现为芽内蛋白态氮、全氮呈下降趋势，淀粉、C/N呈上升趋势，内源IAA和ABA含量升高。IAA可诱导乙烯产生来启动和促进花芽分化。形态分化伴随生理分化而开始，8月上旬分化出苞片和花瓣，晚秋时芽内生长点进入休眠状态，第二年春季3月下旬芽萌发前分化出雌蕊，4月中旬完成整个雌花的分化，雌花分化全过程约需10个月。

雄花分化是随着当年新梢的生长和叶片展开，于4月下旬至5月上旬在叶腋间形成。6月上中旬继续生长，形成苞片和花被原始体，可以明显看到有许多小花的雄花芽，6月中旬至翌年3月为休眠期，4月继续发育生长并伸长为柔荑花序，每朵小花有雄蕊 3～20 个，苞片 3 个，花被 4～5 个。散粉前 10～14 天形成花粉粒，河北省保定地区雄花盛开散粉期约在 4 月中旬至 5 月上旬，与当时气温有密切关系。雄花芽的分化时间较长，一般从开始分化至雄花开放约需 12 个月。

张志华等（1993）观察发现，核桃雌先型与雄先型品种的雌花在开始分化时期及分化进程上均存在着明显的差异。雌花芽的分化，雌先型品种较雄先型品种开始分化早，在各个时期的分化上，雌先型品种始终领先于雄先型品种；二者在雌花芽分化上的最大区别在于休眠期前雌先型品种分化至花瓣期，而雄先型品种仅分化至苞片期。虽然在雄花芽出现不久便完成形态分化，但在各个分化时期上雄先型品种明显领先于雌先型品种，从而为雄先型品种雄花的早开放奠定了基础；同一雄花序上的单花，基部小花先于顶端小花的分化，因此在开花时基部小花也明显早于顶端小花。

2. 开花特性

（1）雄花　主要着生于一年生枝条中下部的雄花序上。花序平均长 8～12 厘米，偶有 20～35 厘米的长序。每雄花序有雄花 100～180 朵，每雄花约有雄蕊 12～35 枚，花药黄色，每个药室约有花粉 900 粒。50～70 年生树平均着生雄花序 2 000～3 000 个，可产生花粉 800 克左右，有生活力的花粉约占 25%。雌花与雄花的比例约为 1∶7～8。早实核桃有时出现二次雄花序，对树体生长和坐果不利。

春季雄花芽开始膨大伸长，由褐变绿，从基部向顶部逐渐膨大。经 6～8 天，花序开始伸长，基部小花开始分离，萼片开裂并能看到绿色花药；6 天后花序伸长生长停止，花药由绿变黄；1～2 天后雄花开始散粉，散粉结束花序变黑而干枯。散粉期遇低温、阴雨、大风天气，对自然授粉极为不利，宜进行人工辅助授粉，以增加坐果和产量。

（2）雌花　呈总状花序，着生在结果枝顶端，着生方式有单生、2～3 朵簇生、4～6 朵序生和多花穗状着生（雌花 10～30

朵），通常多为2～3朵簇生。雌花长约1厘米，宽0.5厘米左右，柱头2裂，成熟时反卷，常有黏液分泌物；子房1室；在果实发育中胚珠基部向4个方向发育的4团细胞，将幼胚子叶隔成4瓣。

春季混合芽萌发后，结果枝伸长生长，在其顶端出现带有羽状柱头和子房的幼小雌花，5～8天后子房逐渐膨大，柱头开始向两侧张开；此后，经4～5天，柱头向两侧呈倒“八”字形开张，柱头上部有不规则突起，并分泌出较多、具有光泽的黏状物，称为盛花期。此期接受花粉能力最强，是人工授粉的最佳时期。4～5天以后，柱头分泌物开始干涸，柱头反卷，称为末花期。此时授粉效果较差。盛花期的长短，与气候条件有着密切的关系。大风、干旱、高温天气，盛花期缩短，潮湿、低温天气可延长盛花期。但雌花开花期温度过低，常使雌花受害而早期脱落，造成减产。有些早实核桃品种有二次开花现象。

3. 雌雄异熟 核桃为雌雄同株异花植物，在同一株树上雌花与雄花的开花和散粉时间常常不能相遇，称为雌雄异熟。在核桃生产中有3种表现类型：雌花先于雄花开放，称为雌先型；雄花先于雌花开放，称为雄先型；雌雄同时开放，称为同熟型。一般雌先型和雄先型较为常见，自然界中，两种开花类型的比例约各占50%，但在现有优良品种中雄先型居多。据张志华等（1996）研究表明，核桃雌雄异熟特性是一种稳定的遗传特性。为利于授粉和坐果，核桃栽培和生产中，常选择能够相互提供授粉机会的2～4个品种进行栽植。

（二）坐果

核桃属风媒花，需借助自然风力进行传粉和授粉。核桃雌花属湿性柱头，表面产生大量分泌物，有利接受和滞留花粉粒，并为花粉粒萌发和花粉管生长提供必要的营养物质。测定花粉生活力方法，可用10%蔗糖加1%的琼脂，再加200微克/克硼酸溶液制成的培养基，将核桃花粉粒放在该培养基上，保持25～

30℃，约经18小时，可观察测定发芽率。

核桃花粉落到雌花柱头上，经过花粉萌发，进入子房完成受精到果实开始发育的过程称为坐果。据观察，授粉后约4小时，柱头上的花粉粒萌发并长出花粉管进入柱头，16小时后可进入子房内，36小时达到胚囊，36小时左右完成双受精过程。核桃坐果率一般为40%～80%，自花授粉坐果率较低，异花授粉坐果率较高。研究表明，进行人工辅助授粉可提高核桃坐果率15%～30%。从授粉实践看，雌花开放后1～5天内，羽状柱头分泌黏液多，柱头接受花粉能力最强。一天中以上午9：00～10：00时，下午3：00～4：00时授粉效果最好。

核桃存在孤雌生殖现象。近年来，关于核桃孤雌生殖国内外均有报道，但孤雌生殖能力因品种和年份不同有所差别。

（三）落花落果

1. 特点 在核桃果实快速生长期间，落果现象比较普遍，多数品种落花较轻，落果较重，主要集中在柱头干枯后30～40天，即“生理落果”。河北农业大学试验结果表明，核桃成龄树1年中有3次落果。但不同立地条件和实生单株，落果情况差别很大，多者可达50%～60%，少者不足10%。落果主要集中在5月，果实横径1.3～2.0厘米时，到果实硬核期很少脱落。在同样条件下，早实核桃落果率高于晚实核桃，但早实核桃品种间落果情况也有差异，高者达80%，少者10%左右。

2. 原因 核桃落果原因主要是授粉受精不良、花期低温、树体营养积累不足及病虫害等。

（1）授粉受精不良 核桃不仅是异花授粉植物，而且具有雌雄同株异花的特点。由于雌雄异花，存在雌雄花不能同时开放的雌雄异熟现象，必然影响到核桃的授粉、受精与坐果。核桃雄花序的花粉虽多，但寿命很短。据试验，核桃花粉室外生活力仅5天左右，刚散出的花粉发芽率90%，1天后降低到70%，第6

天全部丧失生活力。在 2～5℃贮藏条件下，花粉生活力可维持 10～15 天，20 天后全部丧失生活力。

核桃雄花属风媒花，需借助风力进行传粉和授粉。由于花粉粒较大，传播距离相对较短。测定表明，距核桃树 150 米能捕捉到花粉粒，300 米处花粉粒很少。此外，花期不良的气候条件（如低温、降雨、大风、霜冻等），都会影响雄花散粉和雌花授粉受精，降低核桃的坐果率。

（2）营养积累不足　营养不足是导致核桃大量落果的重要原因。一方面是由于前一年树体积累的贮藏营养较少，另一方面果实发育和枝叶生长对养分的竞争所致。在加强前一年肥水管理提高树体贮藏营养基础上，春季及时追肥或叶面喷肥来补充树体的营养，结合修剪进一步调节果实与枝叶生长发育对养分的竞争，可提高核桃的坐果率。

四、果实发育及成熟

（一）果实发育

核桃果实是指带有不能食用绿色果皮的膨大子房。因为没有明显的花瓣，所以雌花朵和幼果不易严格区分。核桃果实的发育是指从雌花柱头枯萎到青皮变黄并开裂的整个发育过程，称为果实发育期。这一发育过程，需要经过一个快速生长期和一个缓慢生长期。快速生长期约在开花后 6

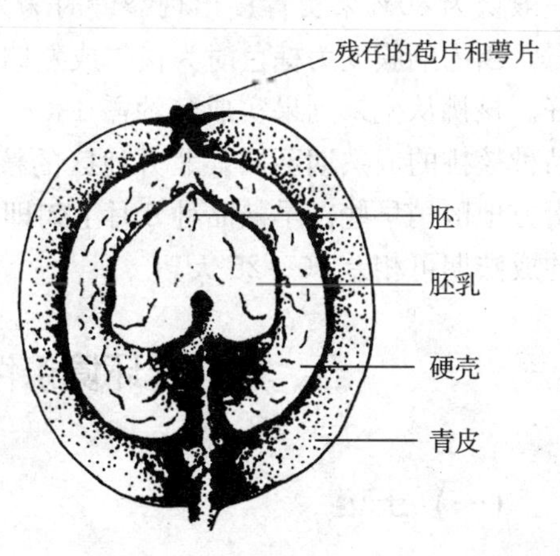

图 2　果实纵切简图（辽宁 1 号）

周到6月中旬，果实生长量约占全年生长量的85%，1天内平均生长量1毫米以上；缓慢生长期约在6月下旬到8月上旬，果实生长量约占全年生长量的15%。从果实整体发育看，大体可分为3个发育时期，即：①果实速长期；②果壳硬化期（硬核期），北方约在6月下旬，绿皮内果核从基部向顶部变硬，种仁从浆糊状变为嫩仁，果实大小基本定型，生长量很小；③种仁充实期，从硬核期到果实成熟，果实略有增长，到8月上旬停止增长。此期果实已达到品种应有大小，果实内淀粉、糖、脂肪等有机物成分不断变化，脂肪主要是在果实发育后期形成和积累的。为了生产优质核桃坚果和提高产量，应适期采收，禁止过早采收。

（二）果实成熟

核桃生理成熟的标志是内部营养物质积累和转化基本完成，淀粉、脂肪、蛋白质等呈不溶状态，含水量少，胚等器官发育充实，内部生理活动微弱，酶活性较低。核桃成熟的外部形态特征是青皮由深绿色、绿色，逐渐变为黄绿色或浅黄色，容易剥离。一般认为80%果实青皮出现裂缝时为采收适期。从坚果内部来看，当内隔膜变为棕色时为核仁成熟期，此时采摘种仁的质量最好。核桃从坐果到果实成熟约需130～140天。不同地区、不同品种核桃的成熟期不同。北方地区的核桃多在9月上中旬成熟，南方地区稍早些。早熟品种8月上旬即可成熟，早熟和晚熟品种的成熟期可相差10～25天。

五、对外界环境条件的要求

（一）土壤

核桃为深根性树种，对土壤的适应性较强，不论在丘陵、山地还是平原都能生长。核桃适于土质疏松和排水良好的沙壤土和壤土生长，黏重板结的土壤或过于瘠薄的沙地不利于核桃的生长发育。核桃适宜生长的 pH 为 6.2～8.2，最适 pH 范围为 6.5～7.5，即在中性或微酸性土壤上生长最好。核桃为喜钙植物，在石灰性土壤上生长结果良好。

土壤含盐量过高会影响核桃生长发育，核桃能够忍耐的土壤含盐量在 0.25％以下，超过 0.25％就会影响生长发育和产量，含盐量过高还会导致树体死亡。其中氯酸盐比硫酸盐危害更大。据美国的研究表明，土壤中高含量的钠、氯、硼危害尤为严重，这些离子的任何一种或几种在核桃树体内积累都会影响细胞的生命活动，最终在叶子上出现受害症状，先在叶尖、叶缘出现枯斑，逐渐扩大到叶片中脉乃至整个叶片。以叶片干重为基数，不同离子达到毒害水平的含量为氯＞0.3％，钠＞0.1％，硼＞0.03％。土壤微生物的数量和种类能够影响核桃的生长发育，核桃根系上具有内生和外生菌根，这些菌根能够促进根系对营养的吸收，有利于核桃的生长发育。重茬会导致土壤有害微生物数量的增加而使有益微生物数量减少，核桃重茬病与前茬核桃枝、叶、果实、根系向土壤中分泌和积累胡桃酮有关，它能抑制根系的呼吸作用，并能杀死幼根和新根。核桃重茬会使土壤中线虫和有害真菌密度增加，而使泡囊丛枝状菌根真菌（简称 VA 菌根）等有益微生物的数量大大减少，这是重茬容易导致树体病害发生的主要原因。

（二）温度

核桃属喜温树种，适宜生长的年平均温度为 9～16℃，极端最低温度－25℃，极端最高温度 38℃以下，有霜期 150 天以下。核桃幼树在－20℃条件下会出现冻害，成年树虽能忍耐－30℃的低温，但在温度低于－26～－28℃时，枝条、雄花芽及叶芽均易受冻。春季月平均温度 9℃开始萌芽，14～16℃开花展叶后，如温度降到－4～－2℃，新梢将被冻坏。花期或幼果期，气温降低到－2～－1℃时就会减产。秋季日平均温度10℃开始落叶，进入休眠期。夏季温度超过38～40℃，核桃易出现日灼，核仁发育不良，形成空苞。漾濞核桃只适应亚热带气候，耐湿热而不耐干冷，适宜生长的温度为12.7～16.9℃，极端最低温度－5.8℃。

（三）湿度

我国一般年降水600～800毫米且分布均匀的地区基本可满足核桃生长发育的需要。核桃不同种群和品种对水分的适应能力有很大差异，漾濞核桃分布区年降水量为800～2 000毫米，而新疆早实核桃则适应于干燥气候，若将新疆早实核桃引种到降水量600毫米以上地区易罹病害。核桃耐干燥的空气，而对土壤水分状况比较敏感。土壤过干或过湿均不利于核桃生长和结实。一般当土壤含水量为田间最大持水量的60%～80%时比较适合核桃的生长发育，当土壤含水量低于田间最大持水量的60%时（或土壤绝对含水量低于8%～12%），核桃的生长发育就会受到影响，造成落花落果，叶片枯萎，需要适时灌水。土壤水分过多或长时间积水，会使根系呼吸受阻，严重时可使根系窒息、腐烂，影响地上部生长发育，甚至死亡。因此，建园前应慎重选定地点，同时在栽树前应进行土壤改良，山坡地种植核桃应做好增厚土层、健全水土保持设施等工作，然后再栽植苗木。平地建园应解决排水问题，地下水位应在2米以下。结果树若遇秋雨频繁，常会引起青皮早裂，导致坚果变黑，降低坚果的商品价值。

（四）光照

核桃属喜光树种，适于阳坡或平地栽植。进入盛果期后更需充足光照。普通核桃光合作用最适的光照强度高达6万勒克斯。光照对核桃生长发育、花芽分化及开花结实均具有重要的影响。结果期核桃一般要求全年日照不少于2 000小时，低于1 000小时，坚果核壳和核仁发育不良。特别在雌花开花期，若光照条件良好，坐果率会明显提高；遇阴雨低温天气，极易造成大量落花落果。新疆早实核桃产区的阿克苏、库车的年日照时数均在2 700小时以上，生长期（4～9 月）的日照时数也在 1 500 小时以上，这里的核桃产量高、品质好，光照充足是重要原因之一。栽培中，在园地选择、栽植密度、栽培方式及整形修剪等方面，均必须考虑采光问题。

（五）海拔高度

核桃适应性较强，北纬 21°～44°，东经 75°～124°都有生长和栽培。从我国核桃的垂直分布来看，纬度越低垂直分布越高。在北方地区核桃多分布在海拔 1 000 米以下；秦岭以南多生长在海拔 500～2 500 米，垂直分布最高的地区在西藏拉孜县徒庆林寺，其海拔高度达 4 200 米，云贵高原多生长在海拔1 500～2 500米，其中云南漾濞地区海拔 1 800～2 000 米为漾濞核桃适宜生长区，在该地区海拔低于 1 400 米，则生长发育不良，病虫害严重。辽宁西南部适宜生长在海拔 500 米以下地区，高于 500 米，由于气候寒冷，生长期短，核桃不能正常生长结果。

（六）地形和地势

核桃适宜生长在背风向阳、土层深厚、水分状况良好的地块。云南省漾濞核桃试验站的调查结果表明，同龄植株，立地条件一致而栽植坡向不同，核桃的生长结果有明显的差异，阳坡核桃树的生长量和产量明显高于阴坡和半阳坡。核桃适宜生长在10°以下的缓坡地带，坡度在 10°～25°需要修筑相应的水土保持工程，坡度在 25°以上则不能栽植核桃。

第4章 核桃标准化育苗技术

培育健壮的优良品种苗木，是发展核桃生产的根本。在我国核桃生产中，除云南、四川和贵州等地栽培的漾濞核桃是嫁接繁殖外，其他地区栽培的普通核桃原来均为播种繁殖的实生树，株间良莠不齐，结果期早晚可相差三四年，甚至七八年；产量相差几倍，甚至几十倍；坚果品质差异更大，产品优劣混杂。实践证明：即使采用优良品种的种子育苗，也很难达到丰产优质的目的。近年来，我国不仅在核桃嫁接技术方面取得了许多成功的经验，而且选育出了一批产量高、品质优、抗性强的优良品种，为核桃的品种化栽培奠定了基础。嫁接苗不仅能够保持品种的优良性状，使核桃具有较高的商品价值；而且具有结果早、易丰产及充分利用核桃砧木资源等优点，在今后的核桃生产中，必须改实生繁殖为嫁接繁殖，才能达到丰产优质的目标。

一、苗圃地的选择

苗圃地应选择在交通方便、地势平坦、土壤肥沃、土层深厚（1米以上）、土质疏松、背风向阳、排灌方便的地方。切忌选用撂荒地、盐碱地（含量0.25%以上）以及地下水位在地表1米以内的地方作苗圃。重茬会造成必需元素的缺乏和有害毒素的积累，使苗木产量和质量下降。因此，不宜在同一块地上连年培育核桃苗木。土壤以沙壤土和轻黏壤土为宜，因其理化性质好，适于土壤微生物的活动，对种子的发芽，幼苗的生长有利，起苗省工，伤根少。苗圃要根据育苗的性质和任务，结合当地的气象、地形、土壤等资料进行全面规划，一般应包括采穗圃和繁殖区两部分。

苗圃地的整理是苗木生产过程中一项重要的技术措施，通过整地可增加土壤的通气透水性，并有蓄水保墒、翻埋杂草、混拌肥料及消灭病虫害等作用。整地的主要内容包括深耕、作畦和土壤消毒等工作。深耕有利于幼苗根系的生长，深度要因时因地制宜。秋耕宜深（20～25 厘米），春耕宜浅（15～20 厘米）；干旱地区宜深，多雨地区宜浅；土层厚时宜深，河滩地宜浅；移栽苗宜深（25～30 厘米），播种苗可浅。北方宜在秋季深耕，耕前每公顷施有机肥 6 000 千克左右，并灌足底水，春季播前再浅耕一次，然后耙平作畦。核桃育苗可采用高床、低床或垄作三种方式。南方多雨地区宜用高床，北方水源缺乏地区可采用低床。而垄作的主要优点在于土壤不易板结，肥土层厚，通风透光，管理方便，在灌溉方便的地方，可采用垄作育苗。

土壤消毒的目的是消灭土壤中的病原菌和地下害虫，生产上常用的药剂是福尔马林和五氯硝基苯混合剂等。预防地下害虫可用辛硫磷制成毒土，在整地时翻入土中。

二、砧木苗培育

目前，核桃生产主要是用实生砧木，即利用种子繁育而成的实生苗。作为嫁接苗的砧木，要求其种子来源广泛、繁殖方法简便、繁殖系数高，而且亲和力好，适应性强。

（一）砧木选择

砧木应适合当地生态条件及砧木和接穗的特点。我国核桃砧木主要有 7 种，即核桃、铁核桃、核桃楸、野核桃、麻核桃、吉宝核桃和心形核桃。目前，应用较多的是前 4 种。我国常用核桃砧木中，以核桃做本砧最为普遍。此外，黑核桃也正在试验作为普通核桃的砧木，核桃属以外的枫杨也可作核桃砧木。

1. 核桃 是目前河北、河南、山西、陕西、山东、北京等地核桃的主要砧木。具有嫁接亲和力强，成活率高，接口愈合牢固，生长结果良好等优点。喜钙质和深厚土壤，不耐盐碱。近年来美国研究发现，用核桃本砧进行嫁接，抗核桃黑线病。缺点是种子来源复杂，实生后代分离广泛，在出苗期、生长势、抗逆性和与接穗亲和力等方面存在差异。因此，影响苗木的整齐度。

2. 铁核桃 铁核桃亦称夹核桃、坚核桃、硬壳核桃等。它与漾濞核桃是同一个种的两个类型，主要分布在我国西南各省。坚果壳厚而硬，果小，出仁率低（20%～30%），商品价值低。是泡核桃、娘青核桃、三台核桃、大白壳核桃、细香核桃等优良品种的良好砧木。铁核桃做砧木嫁接漾濞核桃亲和力良好且耐湿热，缺点是不抗寒。我国云南、贵州地区用铁核桃作漾濞核桃砧木已有200多年的历史。

3. 核桃楸 又称楸子、山核桃等。主要分布在我国的东北和华北一带，根系发达，适应性强，耐寒、耐旱和耐瘠薄是其明显特点，但其嫁接成活率和成活后的保存率都不如核桃砧木。是核桃属中最耐寒的一个种，适于北方各省栽植。但大树高接部位高时易出现“小脚”现象。

4. 野核桃 主要分布在江苏、江西、浙江、湖北、四川、贵州、云南、甘肃、陕西等地，常见于湿润的杂木林中，垂直分布在海拔800～2 000米。果实个小，壳硬，出仁率低。喜温暖，耐湿，嫁接亲和力良好，是适合当地环境条件的砧木。

5. 枫杨 又名枰柳（山东）、水槐树（南京）等。在我国分布很广，多生于湿润的沟谷和河滩地，根系发达，适应性较强。抗涝，耐瘠薄，适应性强，但嫁接成活后的保存率较低，可在潮湿的环境条件下选用，但不宜在生产上大力推广。

（二）种子的采集和贮藏

1. 种子的采集 首先应选择生长健壮、无病虫害、坚果种仁饱满的壮龄树为采种母树。夹仁、小粒或厚皮的核桃，商品价值较低，但只要成熟度好，种仁饱满，即可作为砧木苗的种子。当坚果达到形态成熟，即青皮由绿变黄并出现裂缝时，方可采收。此时的种子发育充实，含水量少，易于贮存，成苗率也高。若采收过早，胚发育不完全，贮藏养分不足，晒干后种仁干瘪，发芽率低，即使发芽出苗，生活力弱，也难成壮苗。种子采收的方法有捡拾法和打落法两种，前者是随着坚果自然落地，每隔2～3天树下捡拾一次；后者是当树上果实青皮有1/3以上开裂时打落。一般种用核桃比商品核桃晚采收3～5天。种用核桃不必漂洗，可直接将脱去青皮的坚果捡出晾晒。未脱青皮的堆沤3～5天后即可脱去青皮。难以离皮的青果一般无种仁或成熟度太差，应剔除。脱去青皮的种子应薄薄地摊在通风干燥处晾晒，不宜在水泥地面、石板、铁板上由日光直接曝晒，以免影响种子的生活力。种子晒干后进行粒选，剔除空粒、小粒及发育不正常的畸形果。

2. 种子的贮藏 核桃种子无后熟期。秋播的种子不需长时间贮藏，晾晒也不必干透，一般采后1个多月即可播种，带青皮秋播效果也很好。而春播的种子需经过较长时间的贮藏。核桃种子贮藏时的含水量以4%～8%为宜。贮藏环境应注意保持低温（－5～10℃）、低湿（空气相对湿度50%～60%）和适当通气，并注意防治鼠害。

核桃种子的贮藏主要是室内干藏法。即将干燥的种子，装入袋、篓、囤、木箱、桶、缸等容器内，放在经过消毒的低温、干燥、通风的室内或地窖内。种子少时可吊在屋内，既可防鼠害，又利于通风散热。种子如需过夏，则需密封干藏，即将种子装入双层塑料袋内，并放入干燥剂密封，然后放入能制冷、调温、调湿和通风的种子库或贮藏室内。温度控制在±5℃之间，相对湿度60%以下。

（三）种子的处理

核桃的播种时期分为秋季播种和春季播种。秋季播种，由于核桃种子在播种后，可在土壤中自然完成层积过程，因而可直接播种，但最好先将核桃种子用水浸泡24小时，使种子充分吸水后再播种。春季播种，必须进行一定处理才能促进种子发芽。常用方法有如下几种：

1. 沙藏处理 选择排水良好、背风向阳、没有鼠害的地点，挖掘贮藏沟（或贮藏坑）。沟的深度为0.7～1.0米，宽度为1.0～1.5米，长度依贮藏种子数量而定。冻土层较深的地区，贮藏沟应适当加深。贮藏前应先对种子进行水选，去掉漂浮于水面不饱满的种子，将剩余的种子，用冷水浸泡2～3天后再进行沙藏。贮前，先在沟底铺10厘米厚的湿沙，湿沙的含水量以手握成团而不滴水为度，然后，在上面放一层核桃，核桃上再放一层10厘米的湿沙，湿沙上面再放核桃。如此反复，直至距沟口20厘米处，最后用湿沙将沟填平。最上面用土培成屋脊型，以防雨水渗入。沟内每隔2米竖一通气草把，以维持种子的呼吸和正常的生理活动。

2. 冷水浸种 未能沙藏的种子可用冷水浸泡7～10天，每天换一次水；也可将盛有核桃种子的麻袋放在流水中浸泡，待种子吸水膨胀裂口后即可播种。

3. 冷浸日晒 方法是将冷水浸种与日晒处理相结合，将冷水浸泡过的种子，放在日光下曝晒几小时，待90%以上种子裂口后即可播种。如果不裂口的种子占20%以上，应把这部分种子拣出再浸泡几天，然后日晒促裂，对于少数未开口的种子，可采用人工轻砸种尖部位的方法进行促裂，然后再播种。

4. 温水浸种 将种子放入缸中，倒入80℃的热水，随即用木棍搅拌，待水温降至常温让其浸泡。以后每天换冷水一次，浸种 8～10 天，待种子膨胀裂口后，即可捞出播种。

5. 开水烫种 先将干核桃种子放入缸内，再将 1～2 倍于核桃种子的沸水倒入缸中，随即迅速搅拌 2～3 分钟后，待不烫手时再加入冷水，浸泡数小时后捞出播种。此法多用于中、厚壳的核桃种子，薄壳或露仁核桃不宜采用，以免烫伤种子。

（四）播种

1. 播种时期 核桃的播种时期分为春播和秋播两种。秋播宜在土壤结冻前（10 月中下旬到 11 月）进行。秋播操作简便，出苗整齐，所用的核桃种子无需处理即可直接播种。但秋播的缺点是秋播过早，会因气温较高，种子在潮湿的土壤中易发芽或霉烂；若秋播太晚，又会因土壤结冻，操作困难。特别是冬季严寒和鸟兽危害严重的地区不宜秋播。春季播种，需要对种子进行一定的处理，促其发芽后再进行播种。华北地区春播常在 3 月中下旬至 4 月上中旬，土壤解冻后尽量早播。春播前 3～4 天，圃地要先浇一次透水。

2. 播种方法与播种量 核桃播种方法根据苗床的不同分为畦播和垄作。畦床播种时，行距 50 厘米，株距 12 厘米左右。垄作时，一般每垄播 1 行，宽垄也可播 2 行，株距 15 厘米。由于核桃种子较大，为节省种子，多采用点播。播种时以种子的缝合线与地面垂直，种尖向一侧为好。播种量与种子的大小和种子的出苗率有关。一般情况下，每亩需要 150～175 千克，可产苗 6 000～8 000 株。一般开沟深度以 6～8 厘米为宜，放上种子后，种子上面覆土厚度 3～5 厘米。

通常，秋播较深，春播较浅；缺水干旱的土壤播种较深，湿润的土壤播种较浅；沙土、沙壤土比黏土应深些。春播时，墒情良好的可以维持到发芽出苗，一般不需要浇蒙头水。对于北方一些春季干旱风大地区，土壤保墒能力较差时，就需要浇水。采用秋季播种的方法，一般可在第2年春季解冻后核桃发芽前浇一次透水。种子萌芽后，如果大部分幼芽距地面较深，可浅松土；如果大部分幼芽即将出土，可用适时灌水的方法代替松土，以保持地表潮湿，促进苗木出土。

（五）砧木苗的管理

春季播种后20～30天左右，种子陆续破土出苗，大约在40天左右苗木出齐。为了培育健壮的苗木，应加强核桃苗期管理。

1. 补苗 当苗木大量出土时，应及时检查，若缺苗严重，应及时补苗，以保证单位面积的成苗数量。补苗可用水浸催芽的种子点播，也可将边行或多余的幼苗带土移栽。

2. 中耕除草 在苗木生长期间对土壤进行中耕松土，以减少蒸发，防止地表板结，促进气体交换，促使幼苗健壮生长。中耕深度前期2～4厘米，后期可逐步加深至8～10厘米。苗圃地的杂草生长快，繁殖力强，与幼苗争夺水分、养分和光照，有些杂草还是病虫害的媒介和寄生场所，因此育苗地的杂草应及时清除。

3. 施肥灌水 一般在核桃苗木出齐前不需灌水，以免造成地面板结。但北方一些地区，春季干旱多风，土壤墒情较差时，出苗率大受影响，这时需及时灌水，并视具体情况进行浅松土。苗木出齐后，为了加速生长，应及时灌水。5～6月份是苗木生长的关键时期，北方一般要灌水2～3次，结合追速效氮肥2次，每次每亩施尿素10千克左右。7～8月份雨量较多，灌水要根据雨情灵活掌握，并追施磷钾肥2次。9月至11月份一般灌水2～3次，特别是最后一次冻水，应予保证，幼苗生长期间还可进行根外追肥，用0.3%的尿素或磷酸二氢钾喷布叶面，每7～10天1次。在雨水多的地区或季节要注意排水，以防苗木晚秋徒长和烂根死苗。

4. 摘心 当砧木长至30厘米高时可摘心，促进基部增粗。

发现顶芽受害而萌生 2～3 个头时要及时剪除弱头，保留 1 个较强的正头。

5. 断根 核桃直播砧木苗主根扎得很深，一般独根长 1 米左右，侧根很少，掘苗时主根极易折断，且苗木根系不发达，栽植成活率低，缓苗慢，生长势弱。因此，常于夏末秋初给砧木苗断根，以控制主根伸长，促进侧根生长。断根的方法是用“断根铲”，在行间距苗木基部 20 厘米处与地面呈 45°角斜插，用力猛蹬踏板，将主根切断。也可用长方形铁锹在苗木行间一侧，距砧木 20 厘米处开沟，深 10～15 厘米，然后在沟底内侧用锹斜蹬，将主根切断。断根后应及时浇水、中耕。半月后可叶面喷肥 1～2 次，以增加营养积累。

6. 病虫害防治 核桃苗木的病害主要有细菌性黑斑病等，核桃苗木害虫主要有象鼻虫、金龟子、浮尘子等，应注意防治。

三、接穗的培育及采集

目前，我国核桃生产正在由实生繁殖向无性繁殖和品种化方向发展，优良品种接穗紧缺。加之，核桃嫁接时对接穗质量要求很高，大量结果后的核桃树（尤其是早实核桃）很难长出优质的接穗。因此，核桃与其他果树相比，建立良种采穗圃，培育优质接穗，就更为重要。

（一）采穗圃的建立

建立采穗圃可直接用优良品种（或品系）的嫁接苗；也可先栽砧木苗，然后嫁接；还可用幼龄核桃园高接换头而成。无论采用哪种方法，采穗圃均应建在地势平坦、背风向阳、土壤肥沃、有排灌条件、交通便利的地方，并尽可能建在苗圃地内或附近。定植前必须细致整地，施足基肥，所用苗木一定要经过严格选择，品种一定要纯、无病虫害、来源可靠。定植时，应按设计图准确排列，不能搞乱。栽后要填写登记表，绘制定植图。采穗圃的株行距可稍小，一般株距2～4米，行距4～5米。

（二）采穗圃的管理

一般对采穗母树的树形要求不严，但由于优质接穗多生长在树冠上部，故树形多采用开心形、圆头形或自然形，树高控制在1.5米以内。修剪主要是调整树形，疏去过密枝、干枯枝、下垂枝、病虫枝和受伤枝。春季新梢长到10～30厘米时对生长过强的要进行摘心，以促进分枝，增加接穗数量，还可以防止生长过粗而不便嫁接。另外还应抹去过密过弱的芽，以减少养分消耗。如有雄花应于膨大期前抹除。

定植后3年内可在行间种植绿肥，也可间作适宜的农作物或经济作物，这样既可充分利用土地，又可防止杂草丛生。每年秋季要施基肥，每亩3 000～4 000千克，追肥和灌水的重点要放在前期，发芽前和开花后各追肥1次，每次每亩追施尿素20千克。3～5月每月浇水1次，也可结合追肥进行。夏秋季要适当控水，以防徒长和控制二次枝，10月下旬结合施基肥浇足冻水。生长季节每次浇水后中耕除草，雨季要注意排涝。

采穗过多会因伤流量大、叶面积少而削弱树势，因此，不能过量采穗。特别是幼龄母树，采穗时要注意有利于树冠形成，保证树形完整，使采穗量逐年增加。一般定植第2年每株可采接穗1～2根；第三年3～5根；第四年8～10根；第5年10～20根；以后则要考虑树形和果实产量，并在适当时机将采穗圃转为丰产园。

采穗圃的病虫害防治非常重要，必须及时进行。由于每年大量采接穗，造成较多伤口，极易发生干腐病、腐烂病、黑斑病、炭疽病等。无论病害严重与否，都要以防为主。一般在春季萌芽前喷1次5波美度石硫合剂；6～7月每隔10～15天喷等量式波尔多液200倍液1次，连续喷3次。圃内的枯枝残叶要及时清理干净。

（三）接穗采集

芽接所用接穗，多在生长季节随接随采或进行短期贮藏。但贮藏时间一般不超过 4～5 天。贮藏时间越长，成活率越低。为了提高接穗的利用率，在接穗采集前 7 天，对要采集的接穗进行摘心处理，可以促进上部接芽成熟，每个接穗可以多出 1～2 个有效芽。注意接穗摘心要有计划分批进行，防止摘心后使用不完，接穗抽生二次枝而不能利用。采后立即去掉复叶，留 1.0～1.5 厘米左右的叶柄。如就地嫁接，可随采随接；如异地嫁接，通常需要用塑料薄膜包严，以减少接穗水分散失，最好进行低温、保湿运输。

四、嫁接方法

核桃是嫁接较难成活的树种，研究报道的嫁接方法较多。近年来，芽接育苗技术逐渐成熟和普及，该技术简便、经济、高效，已成为核桃育苗的主要方法。其他嫁接方法在生产中应用较少。

（一）芽接育苗

芽接是目前应用最广泛的果树育苗方式，具有繁殖速度快、省工、省料、成本低、苗木质量高等特点。近年来，华北、西北等普通核桃产区，对核桃芽接育苗技术进行了不懈的研究和改进，现已形成了较为成熟而理想的技术操作规程（图 3）。按一般果树操作，芽接时期在 7～8 月份，此时正值北方雨季，降雨会导致核桃伤流，从而影响芽接成活率，如果提前嫁接时期，播种当年的砧木又达不到嫁接要求的粗度，因此，播种当年不能嫁接，于第二年嫁接，主要技术规程如下：

1. 间苗 为保证嫁接苗的质量，每亩地实生苗到第二年嫁接前最多不超过 7 000 株，如果每亩地的出苗数量大于 7 000 株，需在第二年萌芽以前对苗圃进行间苗。间去的实生苗应选择弱苗、小苗、过密苗。要求留下的实生苗分布均匀密度一致。间苗在第二年土壤解冻后到萌芽前进行。在间苗前先浇一次水，再用特制的窄边铁锹在要间掉实生苗的两侧各铲一下，再将小苗拔出来。

2. 平茬 在第二年土壤解冻后进行，平茬前要先浇水，平茬要把实生苗在地面处或略高于地面处剪断。实生苗平茬后会萌发几个萌蘖，只选留一个生长健壮的，其他的萌蘖都要去掉，应在4月的上中旬，当萌蘖长到10～15厘米时及时除萌。除萌时要选留一个生长最好的留下，把其他的萌蘖要从基部去掉，注意一定要去除干净。一般除萌要进行两次，以第一次为主，第二次是对第一次没有去除干净的树苗再进行一次复查。第二次除萌和第一次除萌间隔时间不要超过10天。

3. 施肥浇水 第二年实生苗管理要求及时浇水和施肥，肥料要少量多次施入。一般到嫁接前最少要浇4～5次水，第一次在平茬前进行；第二次在萌芽前后；第三次在第一次除萌后进行；第四次在第二次除萌后进行；第五次在嫁接前1～4天进行，沙土地要在嫁接前1～3天进行，好地在嫁接前3～4天进行。每次施10～20千克尿素。

4. 病虫害防治 二年生实生苗的病虫害主要是萌芽期的金龟子。防止金龟子要在萌芽前后，如发现有金龟子危害可喷氯氰菊酯或功夫等杀虫剂防治。

5. 嫁接时间 在有接穗的条件下，砧木只要达到0.8厘米以上，嫁接时间越早越好，一般情况下于5月下旬至6月中旬嫁接。

6. 接穗采集 要求现采现用，选取健壮发育枝作接穗，接穗剪下后随即剪掉叶片，只保留叶柄1.5～2.0厘米，并用湿麻袋覆盖，以防止其失水。如需短期保存，需将接穗捆好后竖着放到盛有清水的容器内，浸水深度10厘米左右，上部用湿麻袋盖好，放于阴凉处，每天换水2～3次，可保存2～3天。

7. 切取芽片 先把接芽的叶柄从基部削掉，在接穗接芽上部 0.5 厘米处和叶柄下 1 厘米处各横切一刀深达木质部，要求割断韧皮部，然后在叶柄两侧各纵切一刀，要求深度达到木质部但不割断木质部，这样较嫩的芽片就可以取下来。

8. 砧木切割 嫁接前先将砧木苗下部的 4～5 个叶片去掉。在砧木离地面 15 厘米光滑处切割，长度与芽片长度相同，宽度约 1.2～1.5 厘米，再在外侧纵切一刀，上述刀口深度要求只割断韧皮部不能伤木质部。然后从侧切口处将砧木皮挑开，并撕去 0.6～0.8 厘米宽的砧皮。

9. 镶芽片 将接穗上割好的芽片取下镶到砧木开口处，要求上面对齐，芽片要镶到里面去，不能将芽片盖到砧木外面，注意在镶芽片和绑缚过程中不要将芽片在砧木上来回磨蹭，避免损伤形成层。

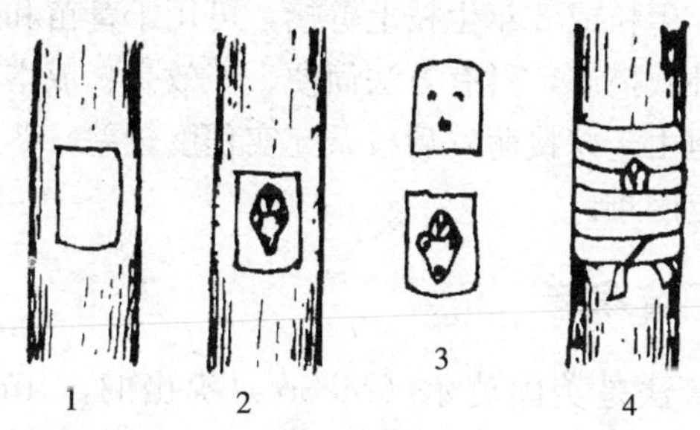

图 3　方块芽接

1. 切割砧木　2. 取芽片　3. 芽片　4. 绑缚

10. 绑缚 用宽 2.5 厘米，厚 0.014～0.02 毫米的塑料条绑缚，要自下而上，用力要适中，不能用力太大，绑缚叶柄处时要注意力度，使接芽的护芽肉部分贴到砧木上，但不要用力过大。绑缚时注意不要绑住接芽。

（二）室内嫁接

云南称之为蓄热保湿嫁接法，在日本、前苏联应用较普遍。20 世纪 70 年代初，山东、北京、辽宁、河南、云南等地在借鉴国外经验的基础上，进行室内嫁接试验获得成功。此法是利用温室和电热温床等人工控制嫁接愈合环境，使砧、穗在适宜的条件下愈合成活。室内嫁接的砧苗于冬季土壤解冻前挖出假植于工作室附近，接穗于落叶前采取并贮藏于地窖或埋入湿沙内。嫁接前10～15天对砧木和接穗进行“催醒”2～3天（26～30℃）。嫁接时，砧、穗粗度应接近，用舌接法嫁接，绑缚牢固后放在26～30℃湿润介质（锯末）中促生愈伤组织，经10～15天，愈合完好，再置于5℃左右的地方保存，待4～5月份再植到室外，培育成苗木。

（三）绿枝嫁接

绿枝嫁接是在5月中旬至6月中旬用半木质化绿枝作接穗，在砧木的当年生枝或2年生枝上劈接，可用于育苗和作为春季嫁接未成活的补救措施，具有方法简便、工效高、成本低、成活率高等优点，但由于嫁接萌发后枝条充实程度较差，冬季寒冷的地方越冬有一定困难。

（四）子苗嫁接

子苗嫁接法是美国莫尔（Moore）提出的，1978—1982年梁玉堂等首先引用试验成功。这也是需要温室及电热温床等设施的室内嫁接方法。砧木用催芽的种子播种，子苗期控制水分，实行“蹲苗”以加粗根轴。采集细而充实、髓心小的发育枝作接穗，采用劈接法嫁接，当年苗高可达40～60厘米。此法育苗周期短、效率高，但为了加粗接穗常需要进行激素浸蘸处理，较麻烦，核桃枝条较粗，匹配接穗难度较大。

（五）微枝嫁接

1992年中国林业科学院研究成功的一种与子苗嫁接类似的室内嫁接方法，但所用接穗是组织培养繁殖的材料。它解决了子苗嫁接中接穗的匹配问题，也使核桃组培生根难而不能直接成苗的问题得以迂回解决。但该技术投资较大、成本高、技术难以掌握。

五、接后管理

1. 剪砧 接后在接芽上留2片复叶剪砧，等到接芽长到5～10厘米时，再在接芽上3厘米处剪掉砧木，去掉绑缚塑料条。在剪砧以后特别注意浇水，地面较干砧木容易发生灼烧现象，接芽容易抽干死掉，可根据具体情况连浇2～3次水。

2. 检查成活和补接 核桃芽接后15～20天即可检查成活，对于未成活的砧苗，应及时进行补接。硬枝嫁接在接后50～60天检查成活，绿枝嫁接在接后15～30天左右检查成活。

3. 除萌 嫁接后的核桃砧木容易产生萌蘖，应在萌蘖幼小时及时除去，以免与接穗和接芽争夺养分，影响嫁接成活。核桃枝接一般需要除萌2～3次，芽接需要除萌1～2次。枝接未成活的植株，可选留一生长健壮的萌蘖枝，其余萌蘖全部去除，为夏季绿枝嫁接或芽接做好准备，也可留作翌年嫁接时用。

4. 肥水管理 嫁接苗成活之前一般不进行施肥灌水。当嫁接苗长到10厘米以上时，应及时施肥、灌水，也可进行叶面施肥，前期以氮肥为主，后期少施氮肥，增施磷钾肥，以免造成后期徒长。也可在8月下旬至9月上旬对苗木进行摘心，促其停长成熟，贮存较多的养分，防止越冬抽条。

5. 病虫害防治 核桃苗嫁接期间的虫害主要是黄刺蛾和棉铃虫，黄刺蛾影响工人嫁接，棉铃虫危害新嫁接芽片的嫩芽。注意根据情况及时喷药防治，以高效氯氰菊酯、功夫等杀虫剂为主。生长后期易染细菌性黑斑病，要注意在7月中下旬开始每间隔15天喷一次农用链霉素或其他防治细菌性病害的杀菌药，共喷3～4次。9月下旬至10月上旬，要及时防治浮尘子在枝干上产卵危害。

六、苗木出圃

（一）起苗

1. 起苗前准备 起苗前，必须先对所培育的实生苗或嫁接苗的数量和质量进行抽样调查。根据调查结果制定起苗出圃计划和操作规程。出圃计划包括劳力组织、工具配备、消毒药品和包装材料的准备、起苗及调运日期的安排等。操作规程包括挖苗的技术要求、分级标准、包装及假植的方法等。核桃是深根性树种，主根发达，起苗时根系容易受到损伤，且受伤之后愈合能力较差。因此起苗时根系保存的好坏对栽植成活率影响很大。为减少伤根和起苗容易，要求在起苗前一周灌一次透水，使苗木吸足水分，这对较干燥的土壤尤为必要。

2. 起苗方法 由于我国北方核桃幼苗在圃内具有严重的越冬“抽条”现象，所以起苗时间多在秋季落叶后到土壤结冻前进行。对于较大的苗木或“抽条”较轻的地区，也可在春季土壤解冻后至萌芽前进行，或随起苗随栽植。核桃起苗方法有人工和机械起苗两种。机械起苗用拖拉机牵引的起苗犁进行。在起苗过程中，根未切断时不要用手硬拔，以防劈裂根系。人工起苗要从苗旁开沟、深挖，防止断根多、伤口大，力求多带侧根和细根。掘出的苗木不能及时运走时必须临时假植。对少量的苗木也可带土起苗，并包扎好泥团，最大限度地减少根系的损伤。要避免在大风或下雨天起苗。

（二）苗木分级、假植

1. 苗木分级 苗木分级是保证出圃苗的质量和规格、提高建园时的栽植成活率和整齐度的工作之一。核桃苗木的分级要根据苗木类型而定。对于核桃嫁接苗，要求品种纯正，砧木正确；地上部枝条健壮、充实，具有一定高度和粗度，芽体饱满；根系发达，须根多，断根少；无检疫对象、无严重病虫害和机械损伤；嫁接苗接合部愈合良好。在此基础上，依据嫁接口以上的高度和接口以上5厘米处的直径两个指标将核桃嫁接苗分为六级：

特级苗，苗高>1.20米，直径≥1.2厘米。

一级苗，苗高0.81～1.20米，直径≥1.0厘米。

二级苗，苗高0.61～0.80米，直径≥1.0厘米。

三级苗，苗高0.41～0.60米，直径≥0.8厘米。

四级苗，苗高0.21～0.40米，直径≥0.8厘米。

五级苗，苗高<0.21米，直径≥0.7厘米。

等外苗，其他为等外苗。

2. 苗木假植 起苗后不能及时外运或栽植时，必须对苗木进行假植；根据假植时间可分为短期假植和长期（越冬）假植，短期假植时间一般不超过10天，可挖浅沟，用湿土将根系埋严即可，干燥时可及时洒水。长时间越冬假植，则应选地势平坦、避风、排水良好交通方便处挖假植沟。假植沟方向应与主风方向垂直，一般为南北方向。沟深1米、宽1.5米，沟长视苗木数量而定，假植时在沟的一头先垫一些松土，将苗木向南按30°～45°角倾斜放入。向沟内填入湿沙土，然后再放第二批苗，依次排放，使各排苗呈覆瓦状排列，培土深度应达苗高的3/4，当假植沟内土壤干燥时应及时洒水，假植完毕后用土埋住苗顶。土壤结冻前，将顶部加厚到30～40厘米，并使假植沟土面高出地面10～15厘米，并整平以利排水。春季天气转暖后要及时检查，以防霉烂。

（三）苗木检疫

检疫是防止病、虫和草害随苗木而传播的有效措施。中华人民共和国农业部2006年3月新公布的《全国农业植物检疫性有害生物名单》，其中与果树有关的昆虫10种，线虫类1种，真菌类2种，细菌类2种，病毒类1种。目前因直接危害核桃而被专门列入检疫对象的病虫害还没有。

（四）苗木包装、运输

根据苗木运输的要求，苗木的包装要分品种和等级进行包装，包装前宜将过长根系和枝条进行适当剪截，一般每20或50株打成1捆，挂好标签，最好将根部蘸泥浆保湿。包装材料应就地取材，一般以价廉质轻、坚韧并能吸水保持湿度，而又不致迅速霉烂、损坏者为好，可用稻草、蒲包、塑料薄膜等。可先将捆好的苗木放入湿蒲包内，喷上水，外面用塑料薄膜包严。写好标签，挂在包装外面明显处，标签上要注明品种、等级、苗龄、数量和起苗日期等。

苗木外运最好在晚秋或早春气温较低时进行。外运的苗木要做好检疫工作。长途运输要加盖苫布，并及时喷水，防止苗木干燥、发热和发霉，严寒季节运输，应注意防冻，到达目的地后应立即进行假植。

第5章 核桃规范化建园技术

核桃园建设是核桃生产中的一项很重要的基础工作，必须全面规划、合理安排。建立一个低成本、高效益、安全生产的核桃园，要处理好核桃树与生长环境、核桃树与其他行业之间的关系，并实行科学的栽培技术和管理措施。核桃的生命周期很长，具有喜光、喜温等特性。建园时，应以适地适树和品种区域化为原则，从园地选择、规划设计到苗木定植，都必须严格谨慎，认真对待。

一、园地选择

建园前应对当地气候、土壤、雨量、自然灾害和附近核桃树的生长发育状况及以往出现的问题等，进行全面的调查研究，为确定建园地点提供依据。重点应考虑以下几个方面：

（一）气候

经济栽培必须在气候适宜带建园，否则将事倍功半。核桃的适应性较强，从北纬21°～44°，东经75°～124°均有栽培。北方地区多栽培在海拔1 000米以下；秦岭以南多生长在海拔500～1 500米之间；云贵高原多生长在1 500～2 000米之间，其中云南省漾濞地区以海拔1 800～2 200米为漾濞核桃的适生区；辽宁西南部适宜生长在海拔500米以下。普通核桃在年平均温度9～16℃，极端最低温度－25～－2℃，极端最高温度38℃以下，有霜期150天以下适宜生长。漾濞核桃只适应于亚热带气候，年平均气温

12.7～16.9℃，最冷月平均气温 4～10℃，极端最低温度－5.8℃。在这样广阔的区域内，生态条件差别很大，土壤类型更为多样。然而，核桃对适生条件却有着比较严格的要求，超出适生范围，虽能生存，但生长结实不良，不能形成产量，没有栽培意义。

因此，建园地点的气候条件要符合计划发展的核桃品种生长发育对环境条件的要求。

（二）地形

地形应选择背风向阳的山丘缓坡地（核桃适宜生长在坡度10°以下的缓坡地带，坡度再大应修筑相应的水土保持工程，坡度在 25°以上则不能栽植核桃）、平地及排水良好的沟坪地。

（三）土壤

核桃根系庞大，对土壤质地的要求是结构疏松，保水透气性好，适于在沙壤土和壤土上种植，土层厚度应在 1 米以上。黏重板结的土壤或过于瘠薄的沙地均不利于核桃的生长发育。核桃对土壤氢离子浓度的适应范围是 pH7.0～7.5，即在中性或微碱性土壤上生长最佳。漾濞核桃为 pH5.5～7.0。土壤含盐量宜在 0.25％以下，稍有超过即对生长结实有影响，含盐量过高则导致死亡。氯化盐比硫酸盐危害更大。核桃喜钙，在石灰质土壤上生长良好。

（四）排灌

建园地点要有灌溉水源，排灌系统畅通，特别是早实核桃的密植丰产园应达到旱能灌，涝能排的要求。一般来说，核桃耐干燥的空气，但对土壤水分状况却比较敏感。土壤干旱有碍根系吸收和地上部蒸腾，干扰正常的新陈代谢，造成落花落果乃至叶片凋萎脱落。土壤水分过多或长时间积水，由于通气不良使根系呼吸受阻，严重时可使根系窒息、腐烂，影响地上部的生长发育，甚至死亡。因此，山地核桃园需设置水土保持工程，以涵养水分；

平地则应解决排水问题，核桃园的地下水位应在地表2米以下。

（五）环境

无环境污染，尽量避免工业废气、污水及过多灰尘等的不良影响。符合农产品安全质量无公害水果产地环境要求。

（六）重茬

在柳树、杨树、槐树生长过的地方栽植核桃，易染根腐病。核桃连作时，对生长亦不利。河北省农林科学院石家庄果树研究所从1998年开始试验研究，证明以下三种方法可以减轻重茬病的危害：

1. 种植禾本科农作物 刨掉核桃树后连续种植2～3年农作物（小麦、玉米），对消除重茬的不良影响有较好效果。

2. 先行间错穴栽植大苗，2～3年后再刨原树 主要原理是如果核桃根系有生活力时，土壤中的根系不会产生毒素，这时栽上大苗并不表现重茬症状，之后将原树刨去，对已形成较大根系的新栽小树，影响很小。

3. 挖大坑、清除根系、晾坑并栽大苗 若必须重茬的，也可采用挖大坑（至少1米见方）彻底清除残根，晾坑3～5个月，到第二年春季定植新苗，挖定植穴时与旧坑错开，填入客土等都有较好效果。在栽植时，栽大苗（如2～3年生大苗）比小苗影响小。加强重茬幼树的肥培管理，对提高幼树自身抗性也有一定效果。

二、园地规划

（一）核桃园规划设计的基本原则、内容和步骤

1. 核桃园规划设计的基本原则 一是要从全局出发，全面规划，统筹安排建园的各项事宜；二是应有长远的观点，慎重考

虑建园的前景和可能出现的问题；三是要遵循“因地制宜”、“相对集中”的原则，建立适应本地情况的核桃园；四是要了解掌握当地各种不良环境因素的情况，及早因害设防，防患于未然；五是要适应新技术的应用，为核桃园的科学化管理创造条件。

2. 规划设计的内容 包括各项用地区划及园地划分；核桃园环境改良，如土壤改良，水土保持，防护林建设等；核桃树品种的选择和配置；核桃树定植的方式、密度和技术等；绘制定植图，编写核桃园档案。

3. 规划设计的步骤 首先对有关资料，如拟将发展的核桃品种习性和经济性状，拟将定植核桃园地的生态条件、地形、地貌特征及社会经济情况等进行调查研究，然后再现场勘察了解地形、地貌、植被、水源等情况。在掌握上述资料及现场调查的基础上，绘制核桃园地形图、土壤调查及土壤分布图，最后进行具体的核桃园规划设计。

（二）规划设计

园地规划包括核桃园及其他种植业占地，防护林、道路、排灌系统、辅助建筑物占地等。规划时应根据经济利用土地的原则，尽量提高核桃树占地面积，控制非生产用地比率。一般认为，核桃园各部分占地大致比率为：核桃树占地 90%以上，道路占地 3%左右，排灌系统占地 1.5%，防护林占地 5%左右，其他占地 0.5%。

1. 作业区的划分 作业区是核桃园的基本生产单位。其形状、大小、方向都应与当地的地形、土壤条件及气候特点相适应，与园内的道路系统、排灌系统及水土保持工程相配合。为保证作业区内农业技术的一致性，同一作业区内的土壤及气候条件应基本一致。在地形变化不大，耕作比较方便的地方，作业区面积可定为 50～100 亩，规模较小的核桃园，也可 30～50 亩为一小区。至于地形复杂的山地核桃园，为减少和防止水土流失，最好按自然流域划定作业区，其面积不宜做硬性规定。作业区的形状一般为长方形。山地核桃园，作业区的长边应与等高线的走向一致；平地核桃园，作业区的长边应与当地有害风的方向垂直，行向与作业区长边一致，以减少和防止风害。

2. 核桃园道路系统的规划 根据核桃园面积、运输量和机具运行的要求，常将核桃园道路按其作用的主次设置成宽度不同的道路。主路较宽（6～8 米），并与各作业区和核桃园外界连通，是产品、物资等的主要运输道路。作业区之间有支路（4～6 米）相连。作业区内为方便各项田间作业，必要时还可设置作业道（1～2 米）。道路尽可能与作业区边界相一致，避免道路过多占用土地。

3. 辅助建筑物 包括管理用房、药械、核桃、农用机具等的贮藏库、配药池等。管理用房和各种库房，最好靠近主路、交通方便、地势较高、有水源的地方。配药池等地最好位于核桃园或作业区的中心部位，以便于药液运输。

4. 绿肥地 利用林间空隙地、山坡坡面、滩地种绿肥，必要时还应专辟肥源地，以供核桃树用肥。

5. 排灌系统的设置 排灌系统是核桃园科学管理的一项重要措施。山地核桃园应结合水土保持工程修水库、开塘堰等，以保蓄雨水。平地核桃园，除引水修渠扩大灌溉以外，在易于沥涝的低洼地带，要注意排水系统的设置。

灌溉系统的设计要根据水源而定。引用山谷流水的干渠位置应高些，支渠设在干渠下边；如果是聚塘灌溉，干渠可放在分水岭上，支渠分设左右，沿等高线自流。干渠的走向应与小区的长边一致，支渠与小区短边一致。

起伏较大的山地核桃园和雨季容易积水的低洼地，都应重视排水系统的设计。山地核桃园主要是排除地表径流，多用明沟法排水，其集水沟可修在梯田内沿，而总排水沟设在集水线上。平地核桃园的集水沟可根据平时地面的积水情况，间隔 2～4 行挖一条，如果地下水位过高，需结合降低水位的要求加大深度。

6. 防护林规划

（1）防护林的作用　核桃园建立防护林可以改善核桃园的生态条件，提高核桃树的坐果率，增加果实产量，提高果实品质，取得良好经济效益。防护林能抵挡寒风的侵袭，降低核桃园的风害，并能控制土壤水分的蒸发量，调节核桃园的温度和湿度，减轻或防止霜、冻为害和土壤盐渍化。

（2）适宜类型　林带类型不同，防风效果不同。核桃园常选用林冠上下均匀透风的疏透林带或上部林冠不透风、下部透风的透风林带。若以减低风速 25%为有效防护作用，防护林的防护范围，迎风面大约在林带高的 5～10 倍范围，背风面在林带高度的 25～60 倍。防护林的宽度、长度和高度，以及防护林带与主要有害风的偏角都影响防风效果和防风范围。

（3）主林带与副林带的配置及适宜树种　加强对主要有害风的防护，通常采用较宽的林带，称主林带（宽约 20 米）。主林带与主要有害风垂直。垂直于主林带设置较窄的林带（宽约 10 米），称为副林带，以防护其他方向的风害。在主、副林带之间，可加设 1～2 条林带，也称折风线，进一步减低风速，加强防护效果，这样就形成了纵横交错的网络，即称林网。林带网格内的核桃树可获得较好的防护。主林带之间距离可加大到 500～800 米。

林带常以高大乔木和亚乔木及灌木组成。行距 2～2.5 米，株距 1～1.5 米。北方乔木多用杨树（毛白杨、沙杨、新疆杨、银白杨、箭杆杨）、泡桐、水杉、臭椿、皂角、楸树、榆树、柳树、枫树、水曲柳、白蜡。灌木有紫穗槐、沙枣、杞柳、桑条、柽柳。为防止林带遮荫和树根串入核桃园影响核桃树生长，一般要求林带南面距核桃树 10～15 米，林带北面距核桃树 20～30 米。为了经济用地，通常将核桃园的路、渠、林带相结合配置。

7. 品种配置　建园时选用的品种，除应具有良好的商品性状外，还要注意其适应能力。特别是从外地引入品种，在缺乏确切的区域栽培试验等引种根据以前，不可轻易大量引种，即使是已经肯定的良种，也要弄清其对土壤、肥力、不良气候条件等的适应能力之后，才能因地制宜进行引种。

核桃具有雌雄异熟、风媒传粉、传粉距离短及坐果率差异较大等特性。为了提供良好的授粉条件，最好在选用2～4个主栽品种中，雌先和雄先各半，以互相提供授粉机会。如需专门配置授粉树时，可按每4～5行主栽品种，配置1行授粉品种。山地梯田栽植时，可根据梯田面的宽度，配置一定比例的授粉树，原则上主栽品种与授粉品种的比例低于8∶1为宜。

8. 栽植方式 核桃的栽培方式主要有三种。一种是园片式栽植，无论幼树期是否间作，到成龄树时均为纯核桃园。美国、法国等多采用这种形式，进行集约化经营，单位面积产量较高，我国近年来也发展了大量纯核桃园。另一种是间作式栽培，即核桃与农作物或其他果树、药用植物等长期间作，是目前我国核桃的主要栽培方式。再有一种栽培方式是利用河槽、沟边、路旁或庭院等闲散土地的零星栽植，也是我国核桃生产不可忽视的重要方面。在三种栽培方式中，零星栽植只要用地符合宜园地要求，并进行适当的品种配置即可。而其他两种栽培方式，在建园前，需根据具体情况进行周密的规划设计。

核桃的栽植方式应根据立地条件、栽培品种和管理水平不同而异。总的来说，应以单位面积能够获得高产、稳产、便于管理为原则。一般在土层深厚、土质良好、肥力较高的地区，发展晚实核桃时，株行距应大些，可采用5米×7米或6米×8米的密度；若在土层较薄，土质较差，肥力较低的山地，株行距应小些，以4米×6米或5米×7米的密度为宜；对以种植作物为主，实现果粮间作者，株行距应加大到7米×14米或7米×20米等。山地栽植依梯田宽窄而定，台面较窄时只栽一行，台面大于20米的可栽两行，株距一般为5～8米。早实核桃树体较小，可采用3米×5米或4米×6米的株行距。

三、栽植技术

（一）定植前的土壤改良

1. 土壤理化性能的改良

（1）*沙荒地和黏土地改良* 利用下层黏土层深翻压沙或客土压沙、放淤压沙、翻沙压黏、引洪漫沙。沙石滩则需客土栽树逐渐改造，种植绿肥，增加土壤有机质，营造防风固沙林或“沙障”，以防风固沙。

（2）*盐碱土改良* 可灌水压盐、排水洗盐；也可在栽核桃树以前，先种一年或数年耐盐碱的植物，使之吸收土壤的盐分，以生物排盐法降低土壤中的盐碱。常用的耐盐植物有沙藜、碱蓬、高秆菠菜、猪毛菜、田菁、苕子、苜蓿等。营造防风林，改善小气候，减少蒸发量，可防治土壤盐渍化。栽植核桃树时进行土壤深翻熟化，增施有机肥，以改良土壤结构，促进核桃树生长，增强抗性。或者结合施石膏、磷石膏、硫酸亚铁（黑矾）、糠醛废渣以降低土壤酸碱度，或采用“沟渠台田”栽植防涝、防盐，或采用低畦（低于地面5～10厘米）“高埂躲盐”等措施，可有效减轻核桃根际附近土壤的含盐量。

2. 水土保持的措施

（1）*治坡* 在坡度较大（10°以上）的地段不宜栽核桃树，可在其上坡种植用材林、护坡林，涵养水源，降低水流量。并在近核桃园的上坡挖沟垒垄，拦截上坡水，引入总排水沟、泄洪沟。

（2）*改造地形* 如梯田、撩壕、鱼鳞坑等。通过截断坡面，缩小集流面积，减少地表径流量，同时局部平整，减少流速，以保持水土。

（3）等高栽植和等高耕作　建在缓坡地带、坡度不大、地形平缓的核桃园，树行沿等高线走向排列，耕作按行操作，避免顺坡耕作，同样可达到防治水土流失的目的。

（二）定植前的准备工作

1. 整地　核桃具有强大的主根和分布较广的水平根，要求土层深厚、肥沃、含水量较高。因此，无论山地或平地栽植，均应提前进行土壤熟化和增加肥力的准备工作。山地建园应先修梯田，然后栽植。如果工程量大，暂时无法修成，也可先按等高栽植，修培地埂，逐年向梯田过渡。地形较复杂的地方，可先修鱼鳞坑，然后逐步扩大树盘，最后修成复式梯田。平地核桃园一般只要在划分小区的基础上，把地平整好，并做好防碱防涝等工作即可。

2. 定植前的准备

（1）定植点测量　无论是哪种类型的核桃园，都必须定植整齐，便于管理。因此需在定植前根据规划的栽植密度和栽植方式，按株行距测量定植点，按点定植。

（2）定植穴准备　定植穴的大小，一般要求直径和深度各不少于0.8～1.0米，如果土壤黏重或下层为石砾、不透水层，则应加大加深定植穴，并采用客土、增肥、填草皮土或表层土等办法，以改良土壤质地，促进根际土壤熟化，为根系生长发育创造良好条件。

挖穴：应以栽植点为中心，挖成上下一样的圆形穴或方形穴。最好是秋栽夏挖，春栽秋挖，可使土壤晾晒，充分熟化，积存雨雪，有利于根系生长。干旱缺水的核桃园，蒸发量大，应边挖边栽以利保墒，可提高成活率。

填土与施肥：栽植核桃树前，可以先填入部分表土，再将挖出的土与充分发酵好的基肥混合后填入，边填边踏实。填土离地面约30厘米时，将填土堆成馒头形，踏实，覆一层底土，使根系不直接与肥接触。填土后有条件者可先浇一水再栽树。

(3) 苗木准备　核桃苗木定植以前，应将苗木的伤根和烂根剪除，然后放在水中浸泡半天，或用泥浆蘸根保湿，利于根系与土壤密接，可有效地提高成活率。为避免苗木品种混淆，栽植前先按品种规划的要求，将苗木按品种分发到定植穴边，并用湿土把根埋好，待栽。可在每行或两品种相连处挂上品种标签。同时，苗木应分级栽植，便于管理。可以适当定植部分假植苗，以防苗木死亡，或被破坏后进行补栽。

(三) 栽植

核桃的栽植时期分为春栽和秋栽。北方冬季气温较低，冻土层较深，冬季早春多风，为防止“抽条”和冻害，以春栽为宜。春栽宜早不宜迟，否则墒情不好对缓苗不利。秋栽时，应注意幼树防寒。

按栽植计划确定的株行距挖好定植穴，将表土和有机肥混合填入坑底，然后将苗木放入，接口朝向主要有害风方向，将根系舒展，向四周均匀分布，尽可能不使根系相互交叉或盘结，并将苗木扶直，左右对准，使其纵横成行。然后填土，边填边踏边提苗，并轻轻抖动，以便根系向下伸展与土紧密接触。培土到与地面相平，全面踏实，打出树盘，充分灌水，待水渗后用土封坡。苗木栽植深度可比原苗深度多 5 厘米，一周后再浇一次水。然后用地膜覆盖树盘，增加地温，减少土壤水分蒸发，以利苗木成活，缩短缓苗期。

(四) 栽后管理

为了提高栽植成活率，确保幼树健壮生长，必须加强幼树的栽后管理。

1. 成活情况检查及补植　春季萌芽展叶后，及时检查成活情况，对未成活的及时补栽。

2. 幼树定干 对达到定干高度要求的幼树，于萌芽后及时定干（详见整形修剪部分）。

3. 幼树防寒 核桃幼树枝条髓心大，水分多，抗寒性差。在北方比较寒冷的地区容易遭受冻害，造成枝条干枯。因此，在定植后1～2年内，要根据当地的具体情况，进行幼树防寒和防抽条工作。常用的方法是埋土防寒，即于冬季土壤封冻前，把幼树轻轻弯倒，使顶部接触地面，然后用土埋好，埋土厚度视各地气候条件而定，一般为20～40厘米。也可套直径为20～40厘米的塑料袋装湿土越冬，效果很好。待第二年春季土壤解冻后，及时撤去防寒土，并将幼树扶直。对于弯倒有困难的粗壮幼树，可采用培土、缠地膜或涂保护剂等进行越冬保护。常用的保护剂有2%～3%的聚乙烯醇，100～150倍的羧甲基纤维素和5～10倍的石蜡乳剂。凡士林对枝条有腐蚀作用，切忌使用。

第6章 核桃园土肥水管理技术

一、土壤管理

土壤管理是核桃园的重要工作之一。良好的土壤管理是进行核桃安全生产的前提，也是保护环境、实现可持续发展的基础。

（一）深翻

土壤深翻是核桃园土壤管理的基本措施，深翻后可改善土壤结构，提高保水、保肥能力，减少病虫害，达到增强树势、提高产量之目的。深翻宜在采收后至落叶前进行。此时断根容易愈合，发生新根量大，若结合秋施基肥，有利于树体吸收、积累养分，为来年生长和结果奠定良好基础。深翻深度应在60～100厘米范围内，过浅效果较差。深翻方法较多。常用的有以下几种。

1. 深翻扩穴 又叫放树窝子。幼树期间，根据根系伸展情况，逐年向外深翻扩大定植穴，直至株行间全部翻通为止。

2. 梯田深翻 在梯田果园，为了促进内侧的生土熟化，可自堰根向外，翻至与垫方接壤为止。此项工作一次完成有困难的，可分年完成。

3. 行间深翻 每年在树冠投影的外缘开一宽40～60厘米、深60～100厘米的条状沟，直至全园翻通为止。也可隔一行翻一行，逐年轮换，这样每次只伤一侧的根，对树体影响较小。

4. 全园深翻 最好在建园前一次完成，或在幼树期一次翻完。全园深翻一次需劳力较多，但翻后便于平整，有利于操作。

深翻时表土与底土应分开堆放，回填时应先填表土，后填底土。深翻时应注意少伤根，特别是粗度1厘米以上的大根。深翻时要及时回填土，以免长时间风吹日晒和低温危害。

（二）浅翻

在土壤管理中，除搞好深翻改土外，每年要进行数次浅翻，一般在春、秋进行，秋翻深度为20～30厘米，春翻可浅些，以10～20厘米为宜。既可人工挖、刨，也可机耕。有条件的地方最好进行全园浅翻，也可以树干为中心，翻至与树冠投影相切的位置。

（三）保持水土

在山地或丘陵地建立的核桃园，必须修建水土保持工程，防止水土流失。梯田栽植的核桃树，应经常注意整修梯壁，培好堰埂。栽植在沟谷和坡地上的核桃树，应打坝墙，垒石堰，修鱼鳞坑等。此外，在沟边、地埂、路旁、坡顶等地方应种植灌木，以涵养水源，保持水土。

（四）果园清耕

果园清耕是目前最为常用的核桃园土壤管理制度。在少雨地区，春季清耕有利于地温回升。清耕核桃园内不种其他作物，一般在生长季进行多次中耕，秋季深耕，保持表土疏松无杂草，同时可加大耕层厚度。清耕法可有效地促进微生物繁殖和有机物氧化分解，显著改善和增加土壤中有机态氮素。但如果长期采用清耕法，在有机肥施入量不足的情况下，土壤中的有机质会迅速减少，使土壤结构遭到破坏，在雨量较多的地区或降水较为集中的季节，容易造成水土流失。中耕的时间和次数因气候条件和杂草量而定，一般每年进行3～5次。中耕深度以6～10厘米为宜。

（五）果园生草

我国传统的果园管理方式多强调清耕除草，由此导致果园生态退化、地力下降、投入增加、果树早衰、品质下降。果园生草技术是发达国家开发成功的一项果园管理技术，果园实行生草可以克服以上缺点。

1. 果园生草的作用 果园生草能够显著、快速提高土壤的有机质含量，改善土壤结构，增进地力，改良土壤；果园生草改善小气候，增加果园天敌数量，有利于果园的生态平衡；果园生草后增加了地面覆盖层，能减少土壤表层温度变幅，有利于核桃树根系的生长发育；果园生草有利于提高坚果品质。山地、坡地果园生草可起到水土保持的作用，降低生产成本，减少果园投入，提高土地利用率，促进畜牧业发展，同时促进果树业的可持续发展。

2. 果园生草种类的选择依据 适于果园种的草应具备以下特点：

果园生草主要是在树冠下和行间作业道生长，要求生草品种具备耐阴、耐踩和抗旱的特点，同时要求对土壤、气候有广泛适应性；一般要求草种须根发达，固地性强，最好是匍匐生长，有利于保持水土；要求草种生长快，产量高，富集养分能力强，刈割后易腐烂，有利于土壤肥力的提高。草种根系生长过程中，或植物体腐烂过程中，不会分泌或排放对核桃树有害的化学物质。要选择与核桃树无共同病虫害，又有利于保护害虫天敌的草种。草应矮小（一般不超过 40 厘米），且不具缠绕茎和攀缘茎，覆盖性好，方便果园管理和作业。要求草易繁殖、栽培，早发性好，覆盖期长，易被控制，病虫害少等。

3. 果园生草的适宜种类 适合果园生草的种类有豆科的白三叶草、红三叶草、紫花苜蓿、扁豆黄芪、田菁、匍匐箭、豌豆、绿豆、黑豆、多变小冠花、百脉根、乌豇豆、沙打旺、紫云英、苕子等；有益杂草有夏至草、泥胡菜、荠菜等；禾本科的有早熟禾、鹳股草、野牛劲、羊胡子草、结缕草、鸭茅、燕麦草等。核桃园最好选用三叶草、紫花苜蓿、扁豆黄芪、绿豆、田菁等豆科牧草，也可用豆科和禾本科牧草混播或与有益杂草如夏至草搭配。

4. 果园生草栽培应注意的几个问题

（1）果园生草与杂草控制的问题　果园生草虽然选择具有较强优势的草种，但在生草初期仍存在滋生杂草问题，尤其是恶性草危害很大，应注意及时清除。只有生草充分覆盖地面后，才可控制杂草发生。

（2）果园生草与核桃树争夺肥水问题　这是果园生草栽培存在的主要矛盾之一，可通过选择浅根性的豆科草和禾本科草，并在草旺长期进行适当补肥补水，同时应在旱季来临前及时割草覆盖，减少蒸腾。

（3）果园生草与果园病虫害问题　一般而言，生草为病虫提供食料和遮掩场所，加重病虫害发生，但同时也有利于滋生和保护病虫天敌，减轻病虫害。调查与试验证明，天敌对病虫害控制作用大于病虫害造成的危害。

（4）长期生草影响土壤通透性问题　除采用经常刈割外，一般通过每隔2年左右的时间，对草坪局部更新，5年左右要全园更新深翻，可基本上解决土壤通透性问题。

（5）果园生草最好与滴灌相结合　行间生草后，如果进行普通灌溉，由于草的阻拦，难于进行。

（六）化学除草

化学除草就是利用除草剂除草，对土壤一般不进行耕作。这种土壤管理方法具有保持土壤自然结构、节省劳力、降低生产成本和提高劳动效率等优点。宜在土层深厚、土质较好的果园采用。

使用除草剂时，一定要选择无风天气，以免药液接触到核桃树枝叶和果实上，发生药害。除草剂种类很多，如使用不当，不仅效果不好，还可能造成药害。因此，在使用除草剂之前，必须掌握除草剂的特性和正确的使用方法，根据具体情况选择适宜的药剂，先进行小型试验，确定其使用时期和用量，再大面积推广应用。

目前生产上常用的除草剂有西马津、草甘膦、茅草枯、阿特拉津、百草枯、敌草隆等。现将其主要特性和使用方法列于表5中，以供用时参考。

表5 常用除草剂一览表

名称	类型	防除对象	常用剂型	使用方法	备注
西马津	选择性内吸传导型	1年生禾本科和阔叶杂草	50%可湿性粉剂	杂草萌发前或除草后进行土壤处理，每亩用药0.5～0.6千克	降雨或灌溉后使用效果好，避免触及枝叶
草甘膦	灭生性内吸传导型	1、2年生禾本科和阔叶杂草，多年生深根性杂草	10%水剂	茎叶处理，每亩用药量1.0～1.5千克，对水50～100倍，加0.2%优质洗衣粉，喷施	无风天喷洒，严禁将药液喷到枝叶上
阿特拉津	内吸传导型	双子叶杂草和1年生禾本科杂草	50%可湿性粉剂和40%胶悬剂	杂草萌发时，每亩用40%胶悬剂0.5～0.6千克，或50%可湿性粉剂0.4～0.5千克，土壤或茎叶处理	在干旱条件下杀草效果优于西马津
茅草枯	选择性内吸兼触杀型	多年生或1年生禾本科杂草	工业原粉和80%粉剂	茎叶处理，每亩用药量0.2～0.5千克，对水300倍，喷施，可与西马津、除草醚混用	对人眼和皮肤有刺激作用，避免喷到树体上

（续）

名称	类型	防除对象	常用剂型	使用方法	备注
百草枯	触杀灭生型	1年生阔叶和禾本科杂草，对多年生深根性杂草只能抑制生长	20%水剂和5%水溶性颗粒剂	春季草高15～25厘米时，每亩用0.3～0.5千克20%水剂加水50千克，茎叶处理	避免喷到枝叶上，对人眼、呼吸道、指甲有害
敌草隆	选择性内吸型	防除马唐、稗、狗尾草、灰藜等1年生和多年生杂草	25%可湿性粉剂	杂草刚萌发时，每亩用0.5～1.0千克，对水50～60千克，地面喷洒	避免喷到枝叶上

（七）间作

合理间作可以充分利用光能、地力和空间，提高核桃园的经济效益。间作不仅是在幼龄核桃园，为了增加前期经济效益而采取的栽培方式，在核桃生产中，采用不同形式长期间作栽培的也很普遍。

间作种类和形式以有利于核桃的生长发育为原则，应留出足够的树盘，以免影响核桃树的正常生长发育。幼龄核桃园，可间作小麦、豆类、薯类、花生、绿肥、草莓等矮秆作物，切忌种植瓜菜，否则幼树易遭浮尘子的危害。立地条件好，株行距较大，长期实行间作的核桃园，其间作物种类较多，既有高秆的玉米、高粱等，也有矮秆的小麦、豆类、花生、棉花、薯类、瓜菜等，但要有一套严格的轮作制度。在荒山、滩地建造的核桃园，立地条件较差，肥力低，间作应以养地为主，可间作绿肥和豆科作物等。立地条件虽好，但已基本郁闭的核桃园，一般不宜间种作物，有条件的可在树下培养食用菌，如平菇、姬菇等。

核桃林地间作时一定要有较好水分条件，间作物与核桃存在水分竞争，在干旱天气时很容易导致核桃缺水，好的水分条件可以保证间作物和核桃的水分需求。加强肥水管理，才能夺得果粮双丰收。

（八）树下覆盖

树下覆盖包括覆草和覆盖地膜，是近些年发展起来的土壤管理新技术。

1. 覆草 可改良土壤，提高土壤的有机质含量，减少土壤水分蒸发，调节地温，抑制杂草等。覆草以麦草、稻草、野草、豆叶、树叶、糠壳为好。也可用锯末、玉米秸、高粱秸、谷草等。覆草一年四季均可进行，但以夏末、秋初为好，覆草前应适量追施氮素化肥，随后及时浇水或趁降雨追肥后覆盖。覆草厚度以15～20厘米为宜，为了防止大风吹散草或引起火灾，覆草后要斑点状压土，但切勿全面压土，以免造成通气不畅。覆草应每年加添，保持一定的厚度，几年后搞一次耕翻，然后再覆。甘肃省华亭县林业技术推广站经过4年的试验研究发现，树盘覆草比对照的土壤有机质含量提高2.33克/千克，速效钾和速效磷的含量分别提高32.0毫克/千克和20.7毫克/千克，进而起到提高核桃幼树抗旱能力，促进核桃增产的作用，树盘覆草比对照的核桃产量增加15.4%。该项措施具有很好的生态经济效益，值得在干旱区、半干旱区核桃生产中推广应用。

2. 地膜覆盖 具有增温、保温，保墒提墒，抑制杂草等功效，有利于核桃树的生长发育。尤其是新栽幼树，覆膜后成活率提高，缓苗期缩短，越冬抗寒能力增强。覆膜时期一般选择在早春进行，最好是春季追肥、整地、浇水，或降雨后趁墒覆膜。覆膜时，膜的四周用土压实，膜上斑斑点点地压一些土，以防风吹和水分蒸发。

3. 果园覆草应注意的问题 覆草前宜深翻土壤，覆草时间宜在干旱季节之前进行，以提高土壤的蓄水保水能力。在未经深翻熟化的果园里，应在覆草的同时，逐年扩穴改良土壤，随扩随盖，促使根系集中分布层向下向上同时扩展。对于较长的秸秆如玉米秸秆，要轧碎后再使用。覆草后几年浅层根的密度大大增加，这对长树成花有好处。为保护浅层根，切忌“春季覆草，秋冬除掉”，冬春也不要刨树盘。覆草后不少害虫栖息草中，应注意向草上喷药，起到集中诱杀的效果。或将覆草翻开，撒上碳酸氢铵，消灭害虫。秋季应清理树下落叶和病枝，防止病虫害的发生。果园覆草应保证质量，使草厚度保持在 20 厘米以上，注意主干根颈部 20 厘米内不覆草，树盘内高外低，以免积涝。由于土壤微生物在分解腐烂过程中需要一定量的氮素，所以在覆草中，须施氮肥，或在草上泼臭水。黏重土或低洼地的果园覆草，易引起烂根病的发生，不宜进行覆草。

（九）秸秆还田

作物秸秆不经过堆沤，直接翻埋于土壤中，起到肥田增产的作用，叫秸秆还田。应用秸秆直接还田，是一项简便易行的增加土壤有机质、培肥土壤、加强地力建设的措施。

1. 秸秆还田的作用 施用新鲜秸秆还田改良土壤性状要比施用其他有机肥见效快，因为秸秆中含有较多的粗纤维，在土壤中能形成大量的活性腐殖质，容易和土粒结合，促进团粒结构的形成，而秸秆腐熟后施用常因腐殖质干燥变性，降低改土效果。秸秆还田能促进土壤微生物的活动，有利于土壤养分的积累和释放。作物秸秆作为一种含碳丰富的能源物质，直接施入土壤，会使各种微生物从秸秆中获取养料，从而大量繁殖起来，这对于土壤中的养分积累、释放将会起到十分重要的作用。新鲜秸秆在分解过程中产生的有机酸，也有利于土壤难溶性养分的溶解和释放。

2. 秸秆还田的方法 采用沟施深埋法，可以结合施其他有机肥料如圈粪、堆肥等进行。在树冠行间或株间开深 40～50 厘米，宽50厘米的条状沟，开沟时将表土与底土分放两边，然后将事先准备好的秸秆与化肥、表土充分混合后埋于沟内，踏实，灌水即可，每公顷施用量6 000千克左右。

3. 秸秆还田应注意的问题 在秸秆直接还田时，为解决核桃树与微生物争夺速效养分的矛盾，可通过增施氮、磷肥来解决。一般认为，微生物每分解100克秸秆约需0.8克氮，即每1 000千克秸秆至少加入8千克氮才能保证分解速度不受缺氮的影响。秸秆最好粉碎后再施，并注意施后及时浇水，以促其腐烂分解，供核桃树吸收利用。另外，与高温堆肥相比，直接还田的秸秆，未经高温发酵，可导致各种病害的传播。所以，应避免将有病虫害危害的秸秆直接还田。

二、施　　肥

（一）土壤中的养分特点

当前，果园土壤养分的特点是“两少”。

1. 土壤中的有机质含量少 现在一般小于0.8%～0.9%，有的小于0.5%。而国外在3%左右，高者达5%。我国土壤有机质含量因不同地区而异。东北平原的土壤有机质含量最高达2.5%～5%，而华北平原土壤有机质含量低，仅在0.5%～0.8%。

2. 土壤中的营养元素含量少 包括大量元素、微量元素，远远满足不了果树的需求。

（1）*土壤中氮素含量* 土壤中氮素含量除了少量呈无机盐状态存在外，大部分呈有机态存在。土壤有机质含量越多，含氮量也越高，一般来说，土壤含氮量为有机质含量的1/20～1/10。我国土壤耕层全氮含量，以东北黑土地区最高，在0.15%～0.52%，华北平原和黄土高原地区最低为0.03%～0.13%。

（2）*土壤中磷素含量* 我国各地区土壤耕层的全磷含量一般

在0.05%～0.35%，东北黑土地区土壤含磷量较高，可达0.14%～0.35%，西北地区土壤全磷量也较高，为0.17%～0.26%，其他地区都较低，尤其南方红壤土含量最低。

(3) 土壤中钾素含量　我国各地区土壤中速效钾含量为每百克土40～45毫克，一般华北、东北地区土壤中钾素含量高于南方地区。

从上述可以看出，由于各地自然条件差异很大，土壤中只能累积和贮藏少量养分供应核桃生长发育的需要。要想获得优质、高产，就必须向土壤中投入一定数量的各种养分，因此，人工施肥是土壤养分的重要来源。

（二）施肥的依据

核桃为多年生果树，每年要从土壤中吸收大量营养元素，如不及时补充肥料，必将造成某些元素的缺乏和不足，使营养积累和消耗之间失去平衡，从而影响树体的生长，使产量下降。

1. 需肥特性　核桃植株高大，根系发达，寿命长，需肥量尤其是需氮量要比其他果树大1～2倍。据法国和美国的研究，每产100千克坚果要从土中带走纯氮1.456千克，纯磷0.187千克，纯钾0.47千克，纯钙0.155千克，纯镁0.039千克，比生产100千克梨需的纯氮磷钾分别高225.55%、6.5%和4.44%，比每生产100千克柑橘需的纯氮磷钾分别高144.17%、70.00%和17.5%。过去种核桃都不施肥，显然单靠土壤供应是不能满足其生长发育需要的。核桃在生长过程中，除对大量元素需要量大外，对微量元素也需要全面。据叶片分析测定，正常叶含的纯元素为：氮2.5%～3.25%，磷0.12%～0.30%，钾1.20%～3.00%，钙1.25%～2.50%，镁0.30%～1.00%，硫170～400毫克/千克，锰35～65毫克/千克，硼44～212毫克/千克，锌16～30毫克/千克，铜4～20毫克/千克，钡450～500毫克/千克。如缺其一或供量不足，就会发生生理障碍而出现缺素症，影响正常生长和产量品质。

2. 形态诊断 根据果树的外部形态，判断某些营养元素的亏欠，指导施肥。这要求果树经营者具有丰富的经验。一般叶片大而多，叶厚而浓绿，枝条粗壮，芽体饱满，结果均匀，品质优良，丰产稳产者，是营养正常，否则应查明原因，采取措施加以改善。现将常见的核桃缺素症和毒害症描述如下，以供实际诊断中参考。

氮 氮是氨基酸、蛋白质的主要构成元素，又是叶绿素、核酸、酶及植物体内重要代谢有机化合物的组成成分。一般缺氮的植株生长期开始叶色较浅，叶片稀少而小，叶子变黄，常提前落叶，新梢生长量降低，严重者植株顶部小枝死亡，产量明显下降。但在干旱和其他逆境下，也可能发生类似现象。

磷 磷是细胞核的主要构成元素，又是构成核酸、磷脂、酶和维生素的主要元素。缺磷时，树体一般很衰弱，叶子稀疏，小叶片比正常叶略小，叶片出现不规则的黄化和坏死，落叶提前。

钾 钾是多种酶的活化剂，在气孔运动中起重要作用。缺钾症状多表现在枝条中部叶片上，开始叶片变灰白（类似缺氮），然后小叶叶缘呈波状内卷，叶背呈现淡灰色（青铜色），叶子和新梢生长量降低，坚果变小。

钙 钙是构成细胞壁的重要元素。缺钙时根系短粗、弯曲，尖端不久褐变枯死。地上部首先表现在幼叶上，叶小、扭曲、叶缘变形，并经常出现斑点或坏死，严重的枝条枯死。

铁 铁主要与叶绿素的合成有关。缺铁时幼叶失绿，叶肉呈黄绿色，叶脉仍为绿色，严重缺铁时叶小而薄，呈黄白或乳白色，甚至发展成烧焦状和脱落。铁在树体内不易移动，因此最先表现缺铁的是新梢顶部的幼叶。

锌 锌是多种酶的组成元素，能促进生长素的形成。缺锌时，吲哚乙酸减少，生长受到抑制，表现为枝条顶端的芽萌芽期延迟，叶小而黄，呈丛生状，被称为“小叶病”，新梢细，节间短。严重时叶片从新梢基部向上逐渐脱落，枝条枯死，果实变小。

硼 硼能促进花粉发芽和花粉管生长，并与多种新陈代谢活动有关。缺硼时树体生长迟缓，枝条纤细，节间变短，小叶呈不规则状，有时叶小呈萼片状。严重时顶端抽条死亡。硼过量可引起中毒。症状首先表现在叶尖，逐渐扩向叶缘，使叶组织坏死。严重时坏死部分扩大到叶内缘的叶脉之间，小叶的边缘上卷，呈烧焦状。

镁 镁是叶绿素的主要组成元素。缺镁时，叶绿素不能形成，表现出失绿症，首先在叶尖和两侧叶缘处出现黄化，并逐渐向叶柄基部延伸，留下V形绿色区，黄化部分逐渐枯死呈深棕色。

锰 作为酶的活化剂，锰直接参与光合、呼吸等生化反应，在叶绿素合成中起催化作用。缺锰时，表现有独特的褪绿症状，失绿是在脉间从主脉向叶缘发展，褪绿部分呈肋骨状，梢顶叶片仍为绿色。严重时，叶子变小，产量降低。

铜 与锌一样，铜是一些酶的组成成分，铜对氮代谢有重要影响。缺铜时，新梢顶端的叶子先失绿变黄，后出现烧焦状，枝条轻微皱缩，新梢顶部有深棕色小斑点。果实轻微变白，核仁严重皱缩。

3. 营养诊断 近20年来，国外广泛采用营养诊断的方法来确定和调整果树的施肥。营养诊断一般能及时准确地反映树体营养状况，不仅能查出肉眼见到的症状，分析出多种营养元素的不足或过剩，分辨两种不同元素引起的相似症状，而且能在症状出现前及早测知。因此，借助营养诊断可及时施入适宜的肥料种类和数量，以保证果树的正常生长与结果。

营养诊断是按统一规定的标准方法测定叶片中矿质元素的含量，与叶分析的标准值（表6）比较确定该元素的盈亏，再依据当地土壤养分状况（土壤分析）、肥效指标及矿质元素间的相互作用，制定施肥方案和肥料配比，指导施肥。

表6　7月核桃叶片矿质元素含量标准值参考

元　　素		缺乏	适生范围	中毒
常量元素（%，干重）	氮	<2.1	2.2～3.2	
	磷		0.1～0.3	
	钾	<0.9	>1.2	
	钙		>1.0	
	镁		>0.3	
	钠			>0.1
	氯			>0.3
微量元素（毫克/千克，干重）	硼	<20	36～200	>300
	铜		>4	
	锰		>20	
	锌	<18		

引自 Walnut Orchard Management。

（三）肥料的种类及特点

1. 有机肥的种类、特点及作用

（1）*有机肥的种类*　有机肥料是指含有较多有机质的肥料，主要包括粪尿类、堆沤肥类、秸秆肥类、绿肥、杂肥类、饼肥、腐殖酸类、海肥类、沼气肥等，这类肥料主要是在农村中就地取材，就地积制，就地施用，叫农家肥。

（2）*有机肥的特点*　它具有以下特点：

①所含养分全面，它除含核桃生长发育所必需的大量元素和微量元素外，还含有丰富的有机质，是一种完全肥料。

②营养元素多呈复杂的有机形态，必须经过微生物的分解，才能被果树吸收、利用。因此其肥效缓慢而持久，一般为3年，是一种迟效性肥料。

③养分含量较低，施用量大，施用时需要较多的劳力和运输力，施用时不太方便，因此在积造时要注意提高质量。

④含有大量的有机质和腐殖质，对改土培肥有重要作用，除直接提供给土壤大量养分外，还具有活化土壤养分、改善土壤理化性质、促进土壤微生物活动的作用。

（3）有机肥对核桃树生长发育的作用

①促进根系的生长发育　由于土壤结构得到改善，土壤通气性好，为根系生长发育创造了良好的条件。

②促进枝条的健壮和均衡生长，减少缺素症发生　由于有机肥肥效较慢，而且在一年中不断地释放，时间较长，营养全面，使地上部枝条生长速度适中，生长均衡，不易徒长，花芽分化好，花芽质量高。由于各种元素比例协调，不易于发生缺素症。

③全面提高坚果质量　由于根系和地上部枝条生长的相互促进，对果实生长发育具有很好的促进作用。

④提高果树的抗性　有机肥可促进根系生长发育和叶片功能，增加树体贮藏营养，从而提高核桃树抗旱性、抗寒性及抗病性。

2. 化肥的种类与特点　化学肥料又称无机肥料，简称化肥。常用的化肥可以分为氮肥、磷肥、钾肥、复合肥料、微量元素肥料等，它们大都具有以下特点：

（1）养分含量高，成分单纯　化肥与有机肥相比，养分含量高。一般0.5千克硫酸铵所含氮素可相当于人粪尿15～20千克。0.5千克过磷酸钙中所含磷素相当于厩肥30～40千克。0.5千克硫酸钾所含钾素相当于草木灰5千克左右。高效化肥则含有更多的养分，且便于包装、运输、贮存和施用。化肥所含营养单纯，一般只有一种或少数几种营养元素，有利于核桃选择吸收利用。

（2）肥效快而短　多数化肥易溶于水，施入土壤中能很快被果树吸收利用，能及时满足核桃树对养分的需要。但肥效不如有机肥持久。

（3）有酸碱反应　有化学和生理酸碱反应两种。化学酸碱反应是指溶解于水后的酸碱反应，过磷酸钙为酸性，碳酸氢铵为碱性，尿素为中性。生理酸碱反应是指肥料经核桃吸收以后产生的酸碱反应。硝酸钠为生理碱性肥料，硫酸铵、氯化铵为生理酸性肥料。

（4）破坏土壤结构，造成板结　化肥一般不含有能改良土壤的有机物质，在施用量大的情况下，长期单纯施用某一种化肥会破坏土壤结构，造成土壤板结。

（四）生产优质安全果品合理施肥的原则

1. 有机肥料和无机肥料配合施用，互相促进，以有机肥料为主　有机肥料养分大量丰富，除含有多种营养元素之外，还含有植物激素等，肥效时间比较长，而且长期施用可增加土壤有机质含量，改良土壤物理特性，提高土壤肥力，可见有机肥料是不可缺少的重要肥源。但是有机肥肥效较慢，难以满足核桃在不同生育阶段的需肥要求，而且所含养分数量也不能满足核桃一生中总需肥量的需求。

无机化肥则养分含量高，浓度大，易溶性强，肥效快，施后对核桃的生长发育有极其明显的促进作用，已成为增产和高产不可缺少的重要肥源。但无机肥料中养分比较单纯，即使含有多种营养元素的复合肥料，其养分含量也较有机肥少得多，而且长期施用会破坏土壤结构。

如果将有机肥料与无机肥料配合施用，不仅可以取长补短，缓急相济，有节奏地平衡供应核桃生产所需养分，符合核桃生长发育规律和需肥特点，有利于实现高产稳产和优质，而且还能相互促进，提高肥料利用率和增进肥效，节省肥料，降低生产成本。

2. 氮、磷、钾三要素合理配比　在生产中往往出现重视氮、磷肥，尤其重视氮肥，而忽视钾肥的现象，造成产量低，品质差。不同化肥之间的合理配合施用，可以充分发挥肥料之间的协助作用，大大提高肥料的经济效益。例如，氮、磷两元素具有相互促进的作用，特别在肥力较低的地块尤为明显。据调查，一般单施氮素的利用率为35.3%，而氮、磷配施的利用率可提高至51.7%。所以说，在施用氮肥的基础上，配合施用一定的磷肥，由于两者之间相互促进的作用，即使在不增加氮肥用量的情况下，也能使产量进一步提高。磷、钾肥配合施用，效果更佳。

3. 不同施肥方法结合使用，并以基肥为主 主要施肥方法有基肥、根部追肥和根外追肥三种。一般基肥应占施肥总量的50%～80%，还应根据土壤肥力和施用肥料特性而定。根部追肥具有简单易行而灵活的特点，是生产中广为采用的方法。对于核桃需要量小、成本较高、又没有再利用能力的微量元素，可以通过叶面喷洒的方法，既可节约成本，效果也比较好，也可与基肥充分混合后施入土壤中，或结合喷药，加入一些尿素、磷酸二氢钾，可以提高光合作用，改善果实品质，提高抗性。

特别注意，所施的有机肥料、化肥及其他肥料要符合《绿色食品　肥料使用准则》。

（五）施肥量

果树的需肥情况，因树龄、树势、结果量及环境条件等的变化而不同，还与肥料种类、土壤供肥状况有关。一般施入的肥料，并没有全都被果树吸收，一部分由于风吹日晒而分解挥发，一部分被雨水冲洗而流失，只有一部分被果树吸收利用。合理施肥量的确定应根据化学分析的结果，推算出果树每年从土壤中吸收各元素的数量，扣除土壤中可供给的量，再考虑肥料的损失情况，其计算公式为：

$$施肥量=\frac{果树吸收元素总量-土壤供肥量}{肥料利用率}$$

核桃树每年吸收元素的总量，一般每形成1吨木材，需要从土壤中吸收磷0.3千克、钾1.4千克、钙4.6千克。每生产1吨核桃干果，需要从土壤中吸取氮14.65千克、磷1.87千克、钾

4.7千克、钙1.55千克、镁0.93千克、锰31克。

土壤供肥量，一般氮素为总含量的1/3，磷、钾约为总含量的1/2。

根据试验推算，果树对各种肥料的利用率大体为：氮50%，磷30%，钾40%，绿肥30%，圈肥、堆肥为20%～30%。

由于受诸多因素的限制，很难有统一的施肥标准。目前，生产中施肥量的确定，主要依据产量和肥料试验及经验等。一般来说，幼树吸收氮量较多，对磷和钾的需求量偏少。随着树龄的增加，特别是进入结果期以后，对磷、钾肥的需要量相应增加。核桃幼树具体施肥量可参照如下标准：

（1）晚实核桃　在中等肥力条件下，按树冠垂直投影面积（或冠幅面积）每平方米计算，在结果前的1～5年间，每平方米冠幅面积年施肥量（有效成分）为：氮肥50克，磷、钾肥各10克。在进入结果期的6～10年间，应适当增加施肥量，氮肥50克，磷、钾肥各20克，并增施有机肥5千克。

（2）早实核桃　早实核桃从2年生开始结果，为了确保树体与产量的同步增长，施肥量应高于晚实核桃。根据近年来各地的施肥经验，一般1～10年生树，每平方米冠幅面积年施肥量为：氮肥50克，磷肥20克，钾肥20克，有机肥5千克。

成年树的施肥量在参考此标准时，应适当增加磷、钾肥的用量，一般按有效成分计，其氮、磷、钾的配比以2∶1∶1为好。

（六）施肥时期

根据核桃树年周期内不同物候期的需肥特点，以及肥料的种类和性质，正确掌握施肥时期，是科学施肥的一个重要方面。

1. 基肥　基肥是供给核桃树全年生长发育的基础性肥料，它所含养分全面，肥效长，是当年结果后恢复树势和翌年丰产的物质保证。每年或至少隔1年应施1次。基肥以有机肥料为主，一般包括腐殖酸类肥料、堆肥、厩肥、圈肥、秸秆肥和饼肥等。

基肥在土壤中逐渐分解，肥效缓和而平稳，可不断地供给树体吸收的大量元素和微量元素。

基肥以秋施为好，早秋施比晚秋或初冬施为好。有条件的地方，可在采收后至落叶前完成，此时土温较高，不但利于伤根的愈合和新根的形成与生长，也有利于农家肥的分解和吸收。基肥配合一定数量的速效性化肥，比单施有机肥效果更好。氮、磷、钾的比例保持在 3∶1∶1.5 为宜。如果有机肥充足，可将全年化肥用量的 1/3～1/2 与有机肥配合施入；如果有机肥不足，则应将全年化肥用量的 2/3 作基肥施入。

2. 追肥 又叫补肥。基肥发挥肥效平稳而缓慢，当果树需肥急迫的时期必须及时补充，才能满足果树生长发育的需要。追肥主要是在树体生长期进行，以速效性肥料为主，如尿素、碳酸氢铵以及复合肥等。核桃树一般有以下几个追肥时期：

（1）萌芽期或开花前（4 月上旬至 4 月中旬） 以促进开花坐果和新梢生长。因萌动发叶后，生理活动日益旺盛，生长发育迅速加快，呼吸强度增高，新陈代谢增强，细胞分裂明显加速，需要大量的营养物质和能源物质，才能使发叶抽梢和开花结果等生理活动顺利进行。所以此时应及时追施速效氮肥。追肥量为全年追肥量的 50%。

（2）幼果发育期（6 月） 仍以速效氮肥为主，与磷、钾肥配合施入。此期作用是补充开花消耗的大量养分和满足幼果生长需要的营养，从而减少生理落果，提高坐果，加速幼果生长。促进新梢生长和木质化以及花芽分化。追肥量占全年追肥量的 30%。

（3）硬核期（7 月） 以氮、磷、钾三元复合肥为主。主要作用是供给核仁发育所需的养分，保证坚果充实饱满。因此时内果皮硬化，核仁发育和花芽分化，都需要大量的磷肥和钾肥。若这次施肥能及时，且肥量充足，元素协调，既是当年生产的保证，又是翌年丰产的基础，非常重要。此期追肥量占全年追肥量的20%。在基肥量较大，有机质含量较高的情况下，追肥次数过多，效果并不明显，一般以每年追肥2次左右为宜。

（七）施肥方法

施肥方法应根据树势、土质、肥源等条件综合确定，主要方法有以下几种：

1. 环状沟法 在树冠投影外缘开宽、深各40～60厘米的环状沟，然后将表土与肥料混匀施入沟底，再覆心土。此法多用于幼树，环状沟的位置应每年随着树冠的扩大而外移。

2. 放射状沟法 以树干为中心，距树干80～100厘米挖4～8条放射状沟，沟宽30～60厘米，深30～60厘米，长度视树冠的大小而定，一般为1～2米，沟的深度由内向外逐渐加深，宽度由内向外逐渐加宽。每年施肥沟的位置要变换方位，并随着树冠的扩大而外移。此法多用于成年大树。

3. 条沟法 在树冠投影外缘相对的两侧，分别挖宽、深各30～60厘米的平行沟，第二年挖沟的位置应换到另外两侧。此法多用于幼树及密植园。

4. 穴施 在树冠投影外缘挖4～8个穴，深、宽各30～40厘米，穴的分布要均匀，树冠大时，可在树冠半径1/2处增加几个施肥穴。此法多用于追肥。

5. 叶面喷肥 又叫根外追肥，是把肥料配成一定浓度的溶液喷施于叶面上，是补充养分不足的追肥措施。这种方法具有用肥少，见效快，利用率高，可与多种农药混合喷施等优点，并可避免某些元素在土壤中被固定而不易被吸收，是追施微量元素的好方法，对缺水少肥的地区尤为实用。其做法是，把肥料溶解在水里，配成所需要的浓度肥液，用喷雾器细致地喷布在叶、枝、花、果上，使肥液通过各部器官的气孔（主要是叶背上的气孔）进入树体，以提高光合强度和光合产物，迅速满足树体对养分的需要。叶面喷肥的种类和浓度为：尿素0.3%～0.5%，过磷酸钙0.5%～1.0%，硫酸钾0.2%～0.3%（或1.0%的草木灰浸出液），硼酸0.1%～0.2%，钼酸铵0.5%～1.0%，硫酸铜0.3%～0.5%。总的原则是生长前期应稀些，后期可浓些。叶面喷肥可掌握在花期、新梢速长期、花芽分化期及采收后进行，特别是花期喷硼或硼加尿素，能明显提高坐果率。喷肥宜在10：00以前和16：00以后进行，阴雨或大风天气不宜喷肥。注意根外追肥只是一种补肥的应急措施，不能代替地下施肥，二者结合才能取得良好效果。根外追肥可以结合防治病虫进行，但碱性农药不能同酸性肥料混喷，以免酸碱中和失去二者的作用。

三、水分管理

（一）灌水

在我国，一般年降水量为600～800毫米，且分布比较均匀的地区，基本上可以满足核桃生长发育对水分的需要。我国南方的绝大部分地区及长江流域的陕南、陇南地区，年降水量都在800～1 000毫米以上，一般不需灌水。北方地区年降水量多在500毫米左右，且分布不均，常出现春夏干旱，需灌水补充。灌水要根据果树一年中各物候期生理活动对水分的要求以及当地的气候、土壤及水源条件而定。核桃生长发育适宜的土壤含水量为田间最大持水量的60%～80%。一般以田间最大持水量的60%作为灌溉指标，或用土壤绝对含水量8%～12%作为灌溉指标（沙土8%，壤土12%）。按照核桃的生长发育特点，灌水的关键时期如下：

1. 萌芽前后 3～4月，正是北方春旱少雨季节，而萌芽生长和开花坐果均需大量水分，如土壤墒情较差，应结合追肥，进行灌水。

2. 花芽分化前 花后42天（约6月上旬），正值花芽分化和硬核期之前，如干旱应及时灌水，以满足果实发育和花芽分化对水分的需求，确保核仁饱满。

3. 采收后 10 月下旬至落叶前，可结合秋施基肥灌一次透水，以促进基肥分解，增加冬前体内营养贮备，提高幼树的越冬能力，有利于翌春萌芽和开花。

在无灌溉条件的山区或缺乏水源的地方，冬季应注意积雪贮水，或利用鱼鳞坑、小坎壕、蓄水池等水土保持工程拦蓄雨水，还可以通过扩穴改土或使用高分子吸水剂，增加蓄水能力，以备关键时期利用。

（二）排水

核桃树对地表积水和地下水位过高均很敏感。积水易使根部缺氧窒息，影响根系的正常呼吸。如积水时间过长，叶片萎蔫变黄，严重时整株死亡。此外，地下水位过高，会阻碍根系向下伸展。我国大部分核桃产区为山地或丘陵区，自然排水良好，只有少数低洼地区和河流下游地区，常有积水和地下水位过高的情况，这些地区建园前就应注意修筑台田、排水沟和其他排水工程，并备好排水机械，以备积水时及时排水。

第7章 核桃树整形修剪技术

整形修剪是核桃栽培管理中一项重要的技术措施。合理地进行整形修剪，可以形成良好的树体结构，使骨架牢固，枝条疏密适宜，并能调节生长与结果的关系，从而达到高产、优质、稳产、树体健壮和长寿的目的。

一、整形修剪的时期与方法

（一）修剪时期

核桃在休眠期修剪有伤流，这有别于其他果树。为了避免伤流损失树体营养，长期以来，核桃树的修剪多在春季萌芽后（春剪）和采收后至落叶前（秋剪）进行。近年来，河北农业大学、辽宁省经济林研究所、陕西省果树科学研究所等均进行了冬剪试验及示范。结果表明，核桃冬剪不仅对生长和结果没有不良影响，而且在新梢生长量、坐果率、树体主要营养水平等方面都优于春、秋修剪。试验认为，休眠期修剪主要是水分和少量矿质营养的损失。而秋剪有光合作用和叶片营养尚未回流的损失，春剪有呼吸消耗和新器官形成的损失。相比之下，春剪营养损失最甚，秋剪次之，休眠期修剪损失最少。目前，在秦岭以南地区、陕西省及河北省涉县等地已基本普及休眠期修剪，均未发现有不良影响，其他各地也可大胆采用。从方便操作和不伤害间作物等方面考虑，也以休眠期修剪为好。但从伤流发生的情况看，只要在休眠期造成伤口，就一直有伤流，直至萌芽展叶。因此，在提倡核桃休眠期修剪的同时，应尽可能延期进行，根据实际工作量，以萌芽前结束修剪工作为宜。

（二）修剪技术

1. 短截 短截是指剪去1年生枝条的一部分。生长季将新梢顶端幼嫩部分摘除，称为摘心，也称之为生长季短截。在核桃幼树（尤其是晚实核桃）上，常用短截发育枝的方法增加枝量。短截的对象是从一级和二级侧枝上抽生的生长旺盛的发育枝，剪截长度为1/4～1/2，短截后一般可萌发3个左右较长的枝条。在1、2年生枝交界轮痕上留5～10厘米剪截，类似苹果树修剪的“戴高帽”，可促使枝条基部潜伏芽萌发，一般在轮痕以上萌发3～5个新梢，轮痕以下可萌发1～2个新梢。对核桃树上中等长枝或弱枝不宜短截，否则刺激下部发出细弱短枝，髓心较大，组织不充实，冬季易发生日烧而干枯，影响树势。

2. 疏枝 将枝条从基部疏除叫疏枝。疏除对象一般为雄花枝、病虫枝、干枯枝、无用的徒长枝、过密的交叉枝和重叠枝等。雄花枝过多，开花时要消耗大量营养，从而导致树体衰弱，修剪时应适当疏除，以节省营养，增强树势。核桃枝条髓心较大，组织疏松，容易枯枝焦梢。枯死枝除本身无生产价值外，还可成为病虫滋生的场所，应及时剪除。当树冠内部枝条密度过大时，要本着去弱留强的原则，随时疏除过密的枝条，以利通风透光。疏枝时，应紧贴枝条基部剪除，切不可留橛，以利剪口愈合。

3. 缓放 即不剪，又叫长放，其作用是缓和枝条生长势，增加中短枝数量，有利于营养物质的积累，促进幼旺树结果。除背上直立旺枝不宜缓放外（可拉平后缓放），其余枝条缓放效果均较好。较粗壮且水平伸展的枝条长放，前后均易萌发长势近似的小枝。弱枝不短截，下一年生长一段，很易形成花芽。

4. 回缩 对多年生枝剪截叫回缩或称缩剪，这是核桃修剪中最常用的一种方法。回缩的作用因回缩的部位不同而异。一是复壮作用，二是抑制作用。生产中复壮作用的运用有两个方面，一是局部复壮，例如回缩更新结果枝组，多年生冗长下垂的缓放枝等。二是全树复壮，主要是衰老树回缩更新。生产中运用抑制作用主要控制旺壮辅养枝、抑制树势不平衡中的强壮骨干枝等。

回缩时要在剪锯口下留一“辫子枝”。回缩的反应因剪锯口下枝势、剪锯口大小等不同而异。对于细长下垂枝回缩至背上枝处可复壮该枝；对于大枝回缩，若剪锯口距枝条太近，对剪口下第一枝起削弱作用，而加强以下枝的长势。核桃树的愈合能力很强，即便是多年生直径达30厘米的大枝，剪后仍可愈合良好。

5. 背后枝的处理 按顶端优势的原理，同一母枝上顶部枝的生长量较大。而核桃树倾斜着生的骨干枝背后的枝，其生长势多强于原骨干枝头，产生背后枝比母枝既粗又长的“倒拉”现象，甚至造成原枝头枯死。对于这类枝，一般是在抽生的初期剪除。如果原母枝已经变弱，则可用背后枝代替原枝头，将原枝头剪除或培养成结果枝组，但必须注意抬高其枝头角度，以防下垂。晚实核桃树上的背后枝，其生长势比早实核桃更强。

6. 徒长枝的利用 徒长枝多是由潜伏芽抽生而成，有时因局部刺激也能使中、长枝抽生出徒长枝。徒长枝生长速度快，生长量大，消耗营养多，如放任生长不加修剪，会扰乱树形，影响通风透光。如果树冠内枝量足够，应及早把徒长枝疏除。如果发出徒长枝处有空间，或其附近结果枝组已衰弱，则可利用徒长枝培养成结果枝组，以填补空间或更替衰弱的结果枝组。培养的方法，可于夏季徒长枝长到0.5～0.7米时摘心，促发二次枝，形成结果枝组；也可等到冬季修剪时，把单条徒长枝留60厘米左右短截，使下年分枝形成结果枝组。

衰老树枝干枯顶焦梢，或因机械伤害等使骨干枝折断，可利用徒长枝培养骨干枝新的延长枝，以保持树冠圆满。

7. 二次枝的控制 二次枝多发生在早实核桃上，且以幼龄树抽生较多。由于抽枝晚、生长旺、组织很不充实，在北方冬季极易发生抽条。如果任其生长，虽能增加分枝，提高产量，但却容易造成结果部位外移，使结果母枝后部光秃，干扰良好的冠形。其控制方法主要有：

（1）疏除　为了避免由于二次枝的旺盛生长而过早郁闭，可根据空间的利用程度进行疏除。剪除对象主要是生长过旺造成树冠出“辫子”的二次枝。一般只要在二次枝未木质化之前疏除两次，就基本可以控制。

（2）去弱留强　在一个结果枝上抽生3个以上的二次枝可在早期选留1～2个健壮的，其余全部疏除。

（3）摘心　对选留的二次枝，如果生长过旺，为了促进其木质化，控制其向外延伸，可于夏季进行摘心。

（4）短截　如果一个结果枝只抽生一个二次枝，且长势较强，可于春夏季对其进行短截，以控制旺长，促发分枝，并培养成结果枝组。夏季短截分枝效果较好，但春季短截发枝粗壮，其短截程度以中、轻度为宜。

8. 结果枝组的培养与修剪

（1）结果枝组的配置　枝组的配置多依骨干枝的不同位置和树冠内空间的大小来决定。一般情况下，主侧枝的先端即树冠外围，以配置小型结果枝组为主；树冠中部以中型结果枝组为主，并根据空间大小配置少量大型结果枝组；骨干枝的后部，即内膛应以中、大型枝组为主。在大、中型枝组之间，要以小型枝组填补空隙；骨干枝距离远，即在树冠内出现较大空间时，可用大型结果枝组填补空间。枝组间距以三级分枝互不干扰为原则，一般大型枝组同侧相距60～100厘米为宜。幼树和生长势较强的树，应不留或少留背上直立枝组，衰老树可适当多留背上直立枝组。

（2）结果枝组的培养

①先放后缩法　对树冠发生的壮发育枝或中等徒长枝，可先缓放促发分枝，第二年在所需高度，于角度开张、方向适宜的分

枝处回缩，下一年再去旺留壮，2～3 年后可培养成良好的结果枝组。

早实核桃的连续结果能力很强，中、短果枝连续结果后形成的果枝群，可通过缩剪改造成小型结果枝组。

②先缩后截法　对生长密挤，空间有限的辅养枝，可先缩回来，后部枝适当短截，构成紧凑枝组。多年生有分枝的徒长枝和发育枝，也可先缩先端旺枝，再适当短截后部枝，构成紧凑枝组。

③先截后缩法　对徒长枝或发育枝摘心或短截，促发分枝后再回缩，即可培养成结果枝组。

（3）结果枝组的修剪

①枝组大小的控制　结果枝组要扩大，可短截 1～2 个发育枝，促其分枝扩大枝组。枝组的延长枝最好是折线式延伸，以抑上促下，使下部枝生长健壮。延长枝剪口芽要向着空间大的方向发展。较大的枝组已无发展空间时，可对其进行控制。方法是回缩至后部中庸分枝上，并疏除背上直立枝，以减少枝组内的总枝量。对已形成的细长型结果枝组，要适当回缩，使形成比例合适的紧凑型枝组。

②生长势的平衡　结果枝组的生长势以中庸为宜。枝组生长势过旺时，可利用摘心控制旺枝，冬季疏除旺枝，并回缩至弱枝弱芽处，或去直留平改变枝组角度等，控制其生长势。若枝组衰弱，中壮枝少，弱短枝多，可去弱留强，并回缩至壮枝、壮芽或角度较小的分枝处，抬高结果枝组的角度并减少花芽量，以促其复壮。

③结果枝与营养枝比例的调节　结果枝组应是既能结果又有一定生长量的基本单位。对于大、中型结果枝组，需将其结果枝和营养枝调整至恰当的比例，一般为 3∶1 左右。生长健壮的结果枝组（尤其是早实核桃），一般结果枝偏多，修剪时应适当疏除并短截一部分；生长势变弱的结果枝组，常形成大量的弱结果

枝和雄花枝，修剪时应适当重截，疏除一部分弱枝和雄花枝，促发新枝。

④三叉形结果枝组的修剪　核桃多数品种1年生枝顶部，常常形成3个比较充实的混合芽或叶芽，萌发后常能形成三叉形结果枝组。这类枝组如不修剪，可连续结果2～3年，由于营养消耗过多，生长势逐年衰弱，以至干枯死亡。对于这类枝组应及时疏剪，在枝组尚强壮时，可疏去中间强旺的结果母枝，留下两侧的结果母枝。随着枝组增大，应注意回缩和去弱留强，以维持良好的长势和结果状态。

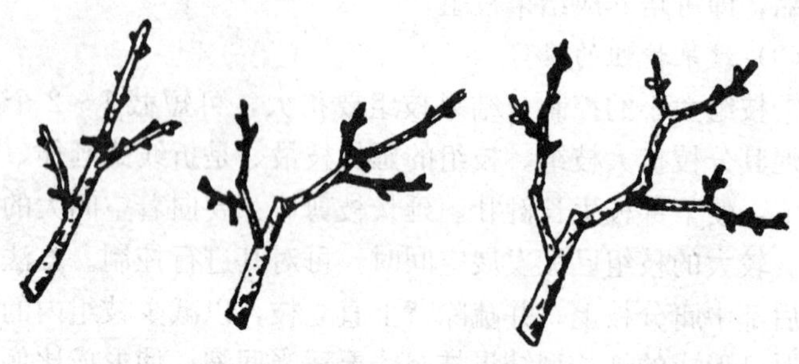

图4　三叉形结果枝组的修剪

⑤结果枝组的更新　由于枝组年龄过大，着生部位光照不良，过于密挤，结果过多，着生在骨干枝背后，枝组本身下垂，着生母枝衰弱等原因，均可使结果枝组生长势衰弱，不能分生足够的营养枝，结果能力明显降低，这种枝组需及时更新。枝组更新要从全树生长势的复壮和改善枝组的光照条件入手，并根据枝组的不同情况，采取相应的修剪措施。枝组内的更新复壮，可采取回缩至强壮分枝或角度较小的分枝处，剪果枝、疏花果等技术措施。对于过度衰弱、回缩和短截仍不发枝的结果枝组，可从基部疏除。如果疏除后留有空间，可利用徒长枝培养新的结果枝组。如果疏除前附近有空间，亦可先培养新结果枝组，然后将原衰弱枝组逐年去除，以新代老。

二、核桃树主要采用的树形

核桃枝芽的异质性很强，且无一定规律，任其自然生长很难形成一个良好的树形。尤其是早实核桃，因其分枝力强，结果早，易发二次枝，更容易造成树形紊乱。因此，在核桃园的栽培管理中，一定要重视幼树整形工作。

我国目前核桃树形主要有两类，即以疏散分层形为代表的主干形和自然开心形为代表的开心形。在生产实际中，可根据品种特点、栽植方式、立地条件、管理水平等选择合适的整形方式。一般情况下，早实核桃干性弱，宜用开心形，晚实核桃干性强，宜用主干形；稀植时可用主干形，密植时可用开心形；山地栽培生长弱，易培养成开心形；平地及管理水平较高的条件下，生长势较强，可培养成主干形。核桃树整形总的原则是："有形不死，无形不乱，因树修剪，随枝作形。"

（一）疏散分层形

其特点是有明显的中心干，主枝5～7个，分2～3层着生在中心主干上。成形后树冠呈半圆形，通风透光良好，寿命长，产量高，负载量大。适于立地条件好和干性强的稀植树。

1. 定干 定干是指确定主干和着生第一层主枝整形带的总高度。晚实核桃结果晚，树体高大，定干应高些，一般为1.7～2.0米（干高1.2～1.5米），如为株行距较大的间作园，为了便于作业，可按2.0～2.5米定干（干高1.5～2.0米）。早实核桃结果早，树体小，定干可矮些，一般为1.2～1.6米（干高0.8～1.2米）。一般密植丰产园可按0.8～1.4米定干（干高0.4～1.0米）。

定植后当幼树达到定干要求的高度时，即可定干。对分枝力强的品种，栽培条件较好时，可采用短截法定干；栽培条件较差的弱树，不宜采用短截法定干，可采用选留主枝的方法确定主干高度，否则易形成开心形。早实核桃萌芽力强，定干时应注意将整形带以下的芽抹除。

2. 整形过程 有如下三步。

第一步：定干当年或第二年，在主干高度以上，选留3个不同方位（水平夹角约120°），生长健壮的枝，作为第一层主枝。发枝多的可一次选留，生长势差、发枝少的，可分两年选留。层内主枝间距不少于20厘米，主枝开张角度以60°左右为宜。在树冠顶部选垂直向上的壮枝作中心枝。要注意选留的最上一个主枝距中心枝顶部过近或第一层主枝的层内距过小，均会削弱中心领导干的生长，甚至出现“掐脖”现象，影响上部枝条生长，使树体不平衡，甚至造成树冠层次不够。

第二步：晚实核桃5～6年、早实核桃4～5年生，当一、二层主枝层间距（晚实核桃80～100厘米，早实核桃60厘米）以上已有壮枝时，可选留第二层主枝，一般为2～3个。同时在第一层主枝上选留侧枝，第一侧枝距主枝基部的长度，晚实核桃80～100厘米；早实核桃60厘米左右。同级侧枝要在同一旋转方向上选留，以免交叉、重叠。

第三步：晚实核桃6～7年生、早实核桃5～6年生时，继续培养第一层主、侧枝和选留第二层主枝上的侧枝以及第三层主枝，第三层主枝一般为1～2个。第二层和第三层主枝的层间距，晚实核桃为2米左右，早实核桃1.5米左右。如果只留两层主枝，第一层主枝和第二层主枝的层间距应加大，使之与留三层主枝的二、三层主枝层间距相同。选留完主枝后，在最上一个主枝上方落头开心。至此，疏散分层形骨架基本形成（图5）。

在选留和培养主、侧枝的过程中，对晚实核桃要注意促其分枝，以培养结果枝和结果枝组。早实核桃要控制和利用好二次枝，以加速结果枝组的形成和防止结果部位外移。还要注意防止非目的性枝条对树形的干扰，及时剪除骨干枝上的萌蘖及过密枝、重叠枝、细弱枝、病虫枝等。

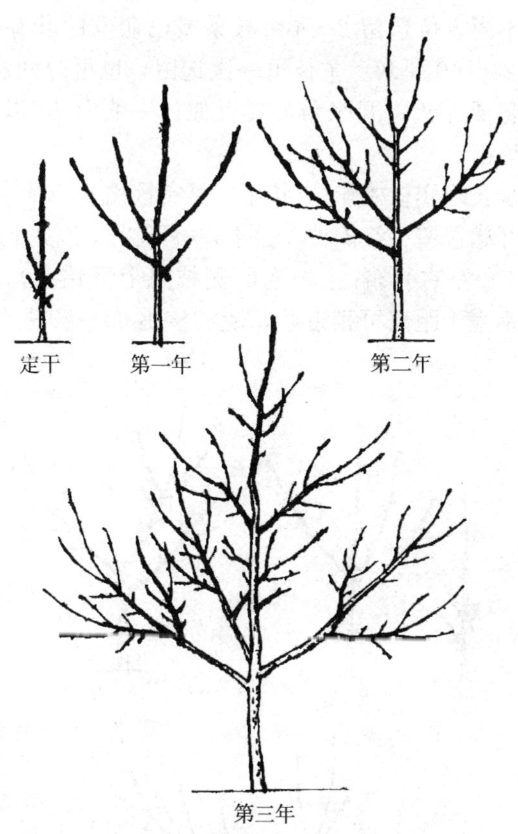

图5　疏散分层形整形过程

（二）自然开心形

一般有2～4个主枝，无中心领导干。其特点是成形快，结果早，整形容易，便于掌握。适于立地条件较差和树姿开张的早实品种。

1. 定干　较疏散分层形定干高度可稍矮，定干方法相似。

2. 整形过程　分三步。

第一步：晚实核桃 3～4 年生，早实核桃 2～3 年生，在整形带内，按不同方位选留 2～4 个枝条或已萌发的壮芽作为主枝，主枝间距 20～40 厘米。主枝可一次选留，也可分两次选定。各主枝的长势要接近，开张角度要近似（一般为 60°以上），以保持长势的均衡。

第二步：晚实核桃 4～5 年生，早实核桃 3～4 年生，各主枝选定后，开始选留一级侧枝，由于开心形树形主枝少，侧枝应适当多留（3 个左右）。各主枝上的侧枝要上下错落，均匀分布。第一侧枝距主干距离可稍近些，晚实核桃 60～80 厘米；早实核

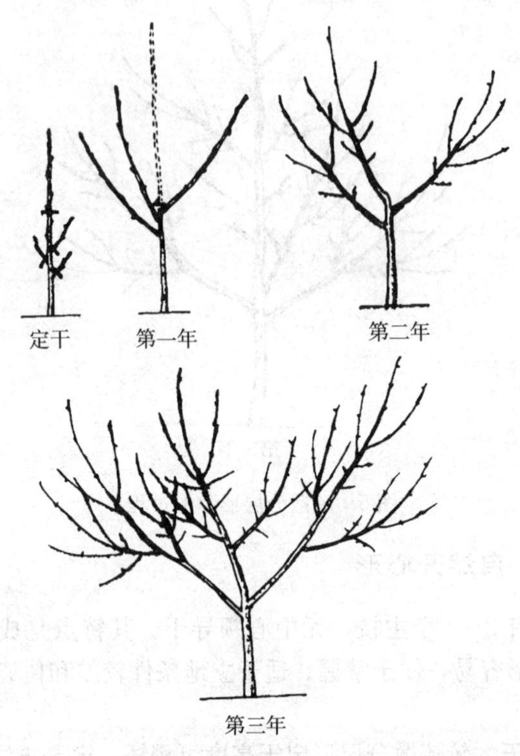

图 6　开心形整形过程

桃40～50厘米。

第三步：晚实核桃6～7年生，早实核桃5～6年生，开始在一级侧枝上选留二级侧枝1～2个。至此，开心形的树体骨架基本形成（图6）。

三、不同年龄时期的修剪

（一）初果期树的修剪

优良品种的嫁接苗，一般早实核桃定植后3年，晚实核桃定植后4～5年，即开始结果。此时树体生长偏旺，树冠仍在迅速扩大，结果逐年增加。修剪的主要任务是继续培养主、侧枝，注意平衡树势，充分利用辅养枝早期结果，开始培养结果枝组等。

主枝和侧枝的延长枝，在有空间的条件下，应继续留头延长生长，对延长枝中截或轻截即可。对于辅养枝，应以有空保留，逐渐改造成结果枝组；无空疏除，以利通风透光，尽量扩大结果部位为原则。修剪时，一般要去强留弱，或先放后缩，放缩结合，控制在树膛内部结果；对已影响主侧枝生长的辅养枝，可以缩代疏或逐渐疏除，为主侧枝让路。早实核桃易发生二次枝，对其组织不充实和生长过多而造成郁闭者，应彻底疏除；对其充实健壮并有空间保留者，可用摘心、短截、去弱留强的修剪方法，促其形成结果枝组。核桃的背后枝长势很强，晚实核桃的背下枝，其生长势比早实核桃更强。对于背后枝的处理，要看基枝的着生情况而定。凡延长部位开张，长势正常的，应及早剪除；如延长部位势力弱或分枝角度较小，可利用背后枝换头。

培养结果枝组是初果期修剪的主要任务之一。培养的方法以先放后缩法应用较多。在早实核桃上，对生长旺盛的长枝，以甩放或轻剪为宜。修剪越轻，发枝量和果枝数越多，且二次枝数量减少。然而，在晚实核桃上，常采用短截旺盛发育枝的方法增加分枝。但短截枝的数量不宜过多，一般为 1/3 左右。短截的长度，可根据发育枝的长短，进行中、轻度短截。

初果期树因树势旺盛，内膛易生徒长枝，容易扰乱树形，一般保留价值不大，应及早疏除。如有空间可保留，晚实核桃可用先放后缩法培养成结果枝组；早实核桃可用摘心或短截的方法促发分枝，然后回缩成结果枝组。

（二）盛果期树的修剪

核桃树一般要 15 年左右进入盛果期。立地条件较好、管理水平较高的晚实核桃，其盛果期可维持百年以上。处于结果盛期的核桃园，树冠大都接近郁闭或已经郁闭，树冠骨架已基本形成和稳定，树姿逐渐开张，外围枝量增多，由于内膛光照不良，部分小枝开始干枯，主枝后部出现光秃带，结果部位外移，易出现隔年结果现象。这一时期修剪的主要任务是调节生长与结果的关系，不断改善树冠内的通风透光条件，加强结果枝组的培养与更新。

1. 骨干枝和外围枝的修剪　一般疏散分层形树，此期应逐年落头去顶，以解决上光问题。落头时应在锯口下方留一粗度相似的多年生分枝，以控制树体高度。盛果初期，各级主枝需继续扩大生长，这时应注意控制背后枝，保持原头生长势。当树冠枝展已扩展到计划大小时，可采用交替回缩换头的方法，控制枝头向外伸展。对于顶端下垂、生长势衰弱的骨干枝，应重剪回缩更新复壮，留斜生向上的尾巴枝当头，以抬高角度，集中营养，恢复枝条生长势。对于树冠的外围枝，由于多年伸长和分枝，常常密挤、交叉和重叠，应适当疏间和回缩。

2. 结果枝组的培养与更新　进入结果盛期以后，随着树冠的不断扩大和枝量的不断增加，除继续加强对结果枝组的培养利用外，还应不断地进行复壮更新。对 2、3 年生的小枝组，可采用去弱留强的办法，不断扩大营养面积，增加结果枝数量。当生长到一定大小，并占满空间时，则应去掉强枝、弱枝，保留中庸枝，促使形成较多的结果母枝。对于已无结果能力的小枝组，可一次疏除，利用附近的大、中型枝组占据空间。对于中型枝组，应及时回缩更新，使枝组内的分枝交替结果，对长势过旺的枝条，可通过去强留弱等，加以控制。对于大型枝组，要注意控制其高度和长度，防止“树上长树”。对于已无延伸能力或下部枝条过弱的大型枝组，可适当回缩，以维持其下部中、小枝组的稳定。

3. 辅养枝的利用和修剪 辅养枝是指着生于骨干枝上，不属于分枝级次的辅助性枝条，多数辅养枝是幼树期为加速树冠形成，增加叶面积，提早结果而保留下来的，其中多数是临时性的。对影响主、侧枝生长者，可视其影响程度，进行回缩或疏除，为其让路；辅养枝过于强旺时，可去强留弱或回缩至弱分枝处，控制其生长；长势中等，分枝较好又有空间者，可剪去枝头，改造成大、中型枝组，长期保留结果。

4. 徒长枝的利用 进入结果盛期的核桃树，通常很少发生徒长枝。当有病虫危害或修剪刺激后，极易使骨干枝上的潜伏芽萌发为徒长枝，常造成树冠内部枝条紊乱，影响结果枝组的生长与结果。处理方法可视树冠内部枝条的分布情况而定。如枝条已很密挤，枝组分布及生长均正常时，应尽早将徒长枝从基部疏除；如果徒长枝附近空间较大，或其附近结果枝组已明显衰弱，可利用徒长枝培养成结果枝组，以填补空间或更替衰弱的结果枝组。选留的徒长枝分枝后，可根据空间大小确定截留长度。为了促其提早分枝，可进行摘心或轻度短截，以加速结果枝组的形成。

5. 清理无用枝条 主要是剪除过密、重叠、交叉、细弱、病虫、干枯枝等，以减少不必要的养分消耗和改善树冠内部的通风透光条件等。

（三）衰老树的更新修剪

盛果后期的大树，经过连年的大量结果，逐渐表现衰老。突出的表现是，不仅内膛空虚，小枝干枯，而且外围枝下垂，生长量很小，很难抽生健壮的结果枝。小枝细弱不充实而出现焦梢，严重的可延及到5～6年生部位。这时，在焦梢部位以下萌生大量徒长枝，出现自然更新，产量大幅度下降，严重的连续几年没有产量。

为了防止衰老现象的出现，在盛果末期就要不断更新复壮，以增强树势，延长盛果期。修剪应采取抑前促后的方法，对各级骨干枝进行不同程度的回缩，选留生长健壮的枝组代替原头。对结果枝组，也应逐年回缩，抬高角度，防止下垂。枝组内应采用去弱留强、去老留新的修剪方法，疏除过多的雄花枝和枯死枝。

对于已经出现严重焦梢，生长极度衰弱的老树，可采用重更新的方法。一般可在有接班枝处锯掉大枝的1/5～1/3，使其重新形成树冠。这种方法是对极度衰弱树的一种挽救措施；在不得已的情况下方可采用。

四、放任树的改造修剪

目前，我国放任生长的核桃树仍占相当大的比例。其中少数因立地条件太差，生长衰弱，已无管理价值；另有一部分幼旺树，可通过高接换优的方法加以改造；而对大部分已进入结果盛期的核桃大树，在加强地下管理的基础上，进行修剪改造，可迅速提高产量，确保高产、稳产。

（一）放任生长树的树体表现

放任生长的核桃树，多表现树形紊乱，内膛空虚，结果部位外移，通风透光不良，甚至发生焦梢和大枝枯死的现象。

大枝过多，枝条紊乱，从属关系不明。主枝多轮生、重叠或并生，第一层主枝常达4～7个，中心领导枝极度衰弱。

主枝延伸过长，先端密挤，造成树冠郁闭，通风透光不良，内膛枝细弱，并逐渐干枯，导致内膛空裸，结果部位外移。

结果枝少而细弱，落花落果严重，坐果率一般只有20%～30%，产量很低，隔年结果严重。

极度衰弱的老树，外围焦梢，从大枝中、下部萌生新枝，形成自然更新，重新构成树冠，连续几年产量很少。

（二）放任树改造修剪的方法

1. 树形改造 放任生长树的树形多种多样，应本着因树修剪，随枝作形的原则，根据具体情况，区别对待。中心领导枝明显的，可改造成疏散分层形；中心领导枝已很衰弱或无中心领导枝的，可改造成自然开心形。

2. 大枝的处理 大枝过多是放任生长树的主要问题，应首先解决。修剪前，要对树体进行全面分析，重点疏除光裸严重，影响光照的密挤枝、重叠枝和交叉枝。留下的大枝要分布均匀，互不影响，以利侧枝的配备。一般疏散分层形留5～7个主枝，自然开心形可留主枝3～4个。

3. 中型枝的处理 中型枝是指着生在中心领导枝和主枝上的多年生枝。在处理时，首先要选留一定数量的侧枝，其余枝条以不影响通风透光和有利于萌生新枝为原则，采取疏间和回缩相结合的方法，疏除过密枝、重叠枝，回缩延伸过长的下垂枝，使其抬高角度。

4. 外围枝的调整 放任生长的核桃树，外围枝大多是冗长的细弱枝，有的严重下垂，必须进行回缩，抬高角度，增强长势。对外围枝丛生密挤的，要适当疏除。

5. 结果枝组的培养 当树体营养得到调整，通风透光条件得到改善以后，内膛已衰弱的枝组有了复壮的机会。此时，应根

据空间大小，在强壮分枝处回缩，去掉细弱枝、雄花枝和干枯枝，以强壮枝组，连年结果。

经过改造修剪的核桃树，内膛常萌发许多徒长枝，要有选择地加以培养和利用，使其成为健壮的结果枝组。

（三）放任树改造修剪的步骤

核桃放任树的改造修剪，一般要经过三个阶段。

1. 调整树形 首先依据树体的生长情况、树龄和大枝基础，确定按哪种树形进行改造。然后锯除大枝，只要不是去掉的大枝过多，一般以一次从基部疏除为好。这样处理有利于集中养分，更新效果好，虽然当时显得空一些，但内膛萌发大量徒长枝，经过适当选留，2～3 年后，就会成为良好的结果枝组，很快占满空间，实现立体结果。对于树势较旺的壮龄树，则应采取分年分期疏除大枝的方法，否则长势过旺，也会影响产量。在去大枝的同时，对外围枝要适当疏间，以疏外养内，疏前促后。

树形改造的任务需 1～2 年完成，此阶段年修剪量较大，一般应掌握在 40%～50%之间（按 1 年生枝计算）。

2. 结果枝组的培养与调整 在完成第一阶段任务后，即第二或第三年开始重点解决枝组问题，并兼顾调整外围枝和中型枝。此期，应特别注意培养内膛结果枝组，增加结果部位。对原有枝组，应采用去弱留强，去直立留背斜，疏前促后或缩前促后的方法，恢复枝组的生长势，并采用截中心缓两侧，去直立留背斜，去下垂抬枝头的方法，控制枝组的高度，改变枝组的生长方向。

此期年修剪量应掌握在 30%～40%。

3. 稳势修剪阶段 此时树体结构的调整已基本完成，其主要任务是调整母枝留量，稳定树势，实现高产、稳产。枝组内结果母枝与营养枝的比例约为 3∶1，对过多的结果母枝可用逢二去一或逢三去一的方法进行调整。在枝组内调整母枝留量的同时，还应有1/3左右交替结果的枝组量，以稳定整个树体生长与结果的平衡。

此期年修剪量应掌握在20%～30%。

（四）放任树改造修剪应注意的几个问题

1. 加强土肥水管理 核桃树的长期放任生长，必然导致营养的严重亏缺，只有以加强地下管理为基础，才能使改造修剪收到奇效。地下管理应从土壤改良，加强培肥措施等多方面入手。

2. 因树修剪，随枝作形 放任生长的核桃树树形紊乱，很难改造成理想的树形，也很难说把一个园片均整成疏散分层形或自然开心形。生产中应根据树体的具体情况，以解决通风透光、恢复树势、立体结果为目的，因树修剪，随枝作形。

3. 分段完成，持久进行 放任树的改造修剪不是一二年能完成的，要有计划分阶段进行，急于求成难以收到预期的效果。改造修剪是一项持久的技术措施，切不可剪剪停停，或认为树形改好后就可不剪，要坚持持久，否则效果不佳，甚至不如不剪。

第8章 核桃园的其他管理

一、高接换优

我国现有实生核桃树约1亿株，大部分是产量低、品质差、结果晚，甚至不结果的低产树。高接换优可利用优良品种早果、高产、优质的遗传特性，对现有核桃资源中适龄不结果或坚果品质低劣的树进行嫁接改造，彻底改变实生树结果晚、产量低、品质差的缺点，同时也是快速培育大量优质核桃接穗的有效方法。高接时应掌握好以下几个技术环节：

（一）接穗采集

高接所用的接穗，从核桃落叶后到翌春萌芽前均可进行。对于北方核桃抽条严重或枝条易受冻害的地区，以秋末冬初（11～12月）采集为宜。此时采集的接穗要妥善保存，关键是防止贮藏过程中接穗水分损失。冬季抽条和寒害较轻的地区，最好在春季接穗萌动之前采集或随采随接。这样，接穗贮藏时间短，接穗养分和水分损失较少，因而能显著提高嫁接成活率。

接穗多采自树冠外围长1米、粗1～1.5厘米左右的发育枝。要求健壮充实，髓心较小，无病虫害。一般选取中下部发育充实的枝段作为接穗。每30或50根扎成1捆，标明品种名称。

（二）接穗的贮运

接穗越冬贮藏，可在背阴处，挖宽1.5～2米、深80厘米的贮藏沟，长度依接穗的多少而定。将标明品种的接穗平放在沟内，接穗的堆放厚度不宜太厚。30和50根的小捆每放一层，中间要加10厘米左右的湿沙或湿土；最上一层接穗上面要覆盖20厘米的湿沙或湿土。为了保持土壤或沙子的湿度，接穗放好后，需要浇一次透水。土壤结冻后，将上面的土层加厚到40厘米。冬季采集的接穗不要剪截，也不要进行蜡封，否则会因水分损失而影响嫁接成活。接穗最适的贮藏温度为0～5℃，最高不能超过8℃。接穗的长途运输要进行保湿运输。可将接穗用塑料薄膜包严，膜内放入湿锯末或苔藓进行保湿。

（三）接穗的处理

接穗在嫁接前要进行剪截与蜡封等处理。接穗剪截长度一般为16厘米左右，有2～3个饱满芽。剪截时要特别注意顶部第一芽的质量，一定要完整、饱满、无病虫害，顶端第一芽距离剪口1.5厘米左右。核桃枝条的梢段一般不充实，木质疏松、髓心大，剪截时应去掉。

蜡封能有效防止接穗失水，提高枝接成活率。蜡封时，温度控制在90～100℃。为了使蜡液温度易于控制，可在蘸蜡容器内加入50%左右的水。在实际操作中应注意蜡温不能过低，接穗表面也不能有水。蜡温低时（90℃以下），接穗表面蜡膜变厚，坚固程度变差；接穗表面有水蜡封不牢固，蜡膜发白，容易剥落。蜡封好的接穗，打捆，标明品种后，放在湿凉环境（如地窖、窑洞、冷库等）备用。蜡封最好在嫁接前15天左右进行，不宜太早。

（四）砧木的选择及处理

砧木应选立地条件较好、易于管理，30年生以下健壮树（头年秋季施足底肥）作砧木。于嫁接前一周，在尊重原树形的基础上，按树冠从属关系锯好接头，幼龄树可直接锯断主干，大树则要多头高接。嫁接部位直径以5厘米以下为宜，过粗不利于砧木接口断面的愈合，也不便绑缚。提前断砧的目的在于放水，伤流多时还可在树干基部距地面10～20厘米处，螺旋状交错锯3～4个锯口，深达木质部1厘米左右，让伤流液流出。此外，为了避免大量伤流的发生，嫁接前后20天内不要灌水。

（五）嫁接时期和方法

嫁接时期以砧木萌芽期至末花期（我国北方约为4月上中旬至5月初）为宜。各地可根据当地的物候期等情况确定高接时期，一般接穗贮存良好，接穗芽未萌动就可以嫁接。嫁接应选择在晴朗无风天气进行，低温阴雨天影响成活率。

嫁接以插皮舌接法为宜。嫁接时先将砧木接头锯出新茬，用嫁接刀将锯口削光滑，将接穗下端削成5～6厘米长的舌状削面，削时的斜度先急后缓，使削面圆滑，不出棱角。在砧木侧面选光滑部位，削去砧木老皮，其削面长宽应略大于接穗削面，然后将接穗削面前端皮层捏开，将接穗舌状木质部慢慢插入砧木木质部与皮层之间，使接穗皮层紧贴在砧木皮层的削面上，接穗露白1厘米左右，依砧木的粗细，每个接头插入2～3个接穗，而碰到的过粗接头（7厘米以上），应适当增加接穗的数量。插好接穗后，用塑料条将接口绑缚严紧即可。遇到稍粗的接头，可取一块宽度

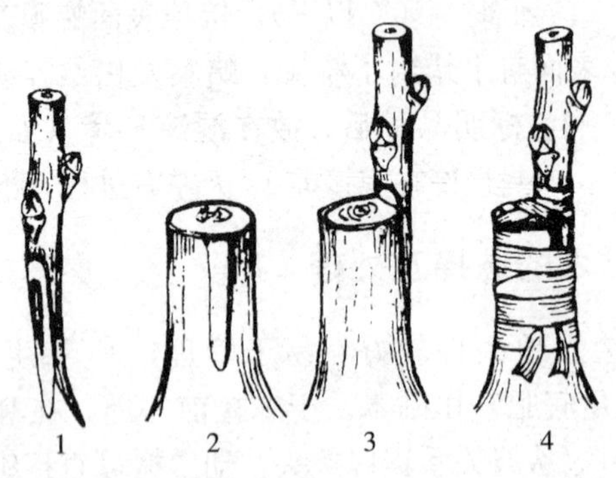

图7　插皮舌接

1. 削接穗　2. 削砧木　3. 插合　4. 绑缚

稍大于接头直径的塑料块贴敷在接头顶部，以利绑严（图7）。

（六）接后管理

接后20～25天，接穗陆续萌芽抽枝，待新枝长到20～30厘米时，应绑支棍固定新梢，以防风折。嫁接后的苗木要抹去砧木上的萌蘖，以免与接穗和接芽争夺养分，影响嫁接成活。如接头无成活接穗，应留下1～2个位置合适的萌蘖枝，以备补接。补接可在当年7～8月份芽接，也可在第二年春枝接。接后两个月，当接口愈伤组织生长良好后，及时除去绑缚物，以免阻碍接穗的加粗生长。

经过高接而形成的新树冠，由于嫁接部位发枝较多，比较密集，任其自然生长则树冠比较紊乱，难以形成主从分明的树体结构，早实核桃比晚实核桃表现更为严重。因此，在高接后的3～5年内，要注意主侧枝的选留，培养好新的骨架。若接口附近发枝太多，应按去弱留强的原则，在早期对弱枝和过密枝等进行疏除和短截，然后按整形修剪的方法培养树形。

早实核桃高接后1年，晚实核桃高接后3年，便开始结果，并很快进入大量结果阶段。必须加强高接树的肥水管理，才能保证树势健壮，高产优质。尤其是高接的早实核桃品种，更应加强地下管理，并采取适当的疏果措施，以保持树体的合理负载，防止结果过多引起树势早衰，甚至枯枝死树现象的发生。

二、人工疏花

在雄花和雌花发育过程中，需要消耗大量树体内贮藏的营养和水分，在雄花序快速生长和雌花大量开放时，树体内的水分多少成为雌花和生长发育的限制因子，疏除过多的雄花和雌花可减少树体内养分和水分的消耗，使更多的营养和水分供给雌花发育和开花坐果，从而提高产量和品质，不仅有利于当年树体的发育，提高当年的坚果产量和品质，同时也有利于新梢的生长和保证翌年的产量。

（一）人工疏雄

疏除多余的雄花序不仅能够增加产量，而且有利于植株的生长发育。据推算，一株成龄核桃树，若疏除90%～95%的雄花芽，可节约水分50千克，干物质1.1～1.2千克。因此认为疏除多余的雄花序，能够显著地节约树体的养分和水分。从某种意义上说，是一项逆向灌水和施肥的有效措施。当核桃雄花芽膨大时去雄效果最佳，太早不好疏除，太迟影响效果，大约在3月下旬至4月上旬（春分至谷雨），此时雄花芽比较容易疏除且养分和水分消耗较少。疏雄的主要方法是用手掰除或用木钩钩除雄花序。关于疏雄量，以疏除全树雄花序的90%～95%为宜，此时的雌雄花之比仍然可达1∶30～60，完全可以满足授粉需要。而对于品种园来讲，作授粉品种核桃树的雄花适当少疏，主栽品种可多疏。

（二）疏雌花

随着早实核桃品种的推广，生产上常因结果太多，使坚果变小，核壳发育不完整，种仁不饱满，发育枝少而短，结果枝细弱，严重时大量枝条干枯死亡。为了保证树体健壮，高产稳产，延长结果寿命，除了加强肥水管理和修剪复壮外，应维持树体的合理负载量，疏除过多的雌花。疏雌花一般在生理落果以后（盛花后20～30天）进行，此时幼果直径约1～1.5厘米。雌花疏除量应根据栽培条件和树势发育情况而定。表7可作参考。

表7　树冠大小与留果量

冠幅（米）	投影面积（平方米）	留果数	产量（千克）
2	3.14	180～240	1～2
3	7.06	430～600	4～5
4	12.56	800～1 000	8～10
5	19.6	1 200～1 600	12～16
6	28.2	1 700～2 200	17～20

疏花时应首先疏除弱树和细弱枝上的雌花，也可连同弱枝一起剪掉。每个花序有3个以上幼果时，视结果枝的强弱保留1～2个。留果要使树冠各部位分布均匀，郁闭的内膛可多疏一些，外围延长枝上要多疏些，保证40～50厘米的生长量。应特别注意，疏果一般只限于坐果率高的早实核桃，尤其是因树弱而挂果过多的树。

近年来各地引进早实丰产良种因结果过多造成枝势衰弱，甚至死亡。对于丰产品种来讲，因树疏去一些雌花，是一项必不可少的措施。

三、人工辅助授粉

核桃系风媒花，是典型的异花授粉树种，存在雌雄异熟现象。雌花先于雄花开放，称为雌先型；雄花先于雌花开放，称为雄先型；雌雄同时开放，称为同熟型。一般雌先型和雄先型较为常见，自然界中，两种开花类型的比例约各占50%。雌雄花的开放日期大约相隔7～10天。花期不遇常造成授粉不良，严重影响坐果率和产量，分散栽植的核桃树更是如此。此外，核桃幼树最初几年只开雌花，约三五年后才出现雄花，影响授粉和坐果。为了促进核桃雌花的授粉受精和坐果，对于附近没有成龄核桃树的幼龄核桃园，应进行人工授粉。即便是能进行自然授粉，通过人工授粉也能大大提高坐果率。各地的试验表明，人工授粉一般可比自然授粉提高坐果率15%～30%。

（一）花粉的采集

在雄花盛开初期（基部小花已开始散粉），从当地或其他地方选择树冠外围生长健壮，无病虫害的枝条，剪取花序，摊在光滑洁净的纸上，置于室内或无太阳直射干燥的地方，保持16～20℃，待大部花药裂开散粉时，收集的花粉，用细筛筛去杂质，放入指形管中，管口用棉团塞好，放于阴凉的地方。花粉最好及时使用，如3～5天内不用，需置于2～5℃低温下保存。为了便于授粉，可将原粉稀释，以1份花粉加10份淀粉（粉面）或滑石粉混合拌匀。

（二）授粉适期

授粉的最佳时期是雌花柱头开裂并呈倒“八”字形张开时。此时，柱头羽状突起，分泌大量黏液，并具有光泽，利于花粉的萌发和授粉受精。此期一般只有2～3天，要抓紧时间授粉，如果柱头反转或柱头干缩变色，授粉效果会显著降低。有时因天气状况不良，同一株树上的雌花期可相差7～14天，为了提高坐果率，有条件时可进行两次授粉。试验证明，在雌花开花不整齐时，两次授粉比一次授粉提高坐果率8.8%左右。

（三）授粉方法

根据核桃的树体大小可分别采取不同的授粉方法。在生产上常用的有以下4种：

1. 授粉器 适用于树体矮小的早实核桃幼树。将花粉（为了节约花粉，可加5～10倍淀粉稀释）装入喷粉器（可用“医用喉头喷粉器”代替）的玻璃瓶中，喷头离柱头30厘米以上，喷布即可，此法授粉速度快，但花粉用量大。如果没有授粉器，也可用新毛笔尖，蘸少量花粉，轻轻点掸在柱头上，注意不要直接往柱头上抹，以免授粉过量或损坏柱头，导致落花。

2. 抖授花粉 对成年树或高大的晚实核桃树，可将稀释了10～15倍的花粉装入由双层纱布做成的花粉袋中，封严袋口，挂于竹竿顶端，然后在核桃园树冠上方轻轻抖撒。也可将处理好的花粉装入纱布袋中，均匀挂在授粉树的枝条上，让风吹纱布袋，花粉自然飞散，但授粉不均匀，花粉浪费也大。

3. 喷授法 可将花粉配成水悬液（花粉与水之比为1：

5 000）进行喷授，有条件时可在水悬液中加 10％蔗糖和 0.02％的硼酸，可促进花粉萌发，提高坐果率。

4. 挂雄花序 将采集的雄花序，10 数个扎成一束，挂在树的树冠上部，可依靠风力自然授粉。为延长花粉的生命力，也可将含苞待放的雄花枝插于装有水溶液（每千克水加 0.4 千克尿素）或装有湿土的瓶、盆、塑料袋等容器内，再将容器挂在植株上。此授粉方法简单易行、效果好，能显著提高坐果率。

第9章 核桃病虫害无公害防治技术

良好的栽培管理技术是果树丰产的物质基础，及时合理地防治病虫害是果树健康生长并获得优质果品的重要保证。在我国为害核桃的病虫害种类较多，目前已知的害虫有120余种，病害有30多种。依其主要受害部位与器官，可分为：叶部病虫害、枝干病虫害、果实病虫害与根部病虫害等四类。从全国来看，由于各核桃产区生态条件不同，病虫害的种类、分布及为害程度也各不相同。有的地方仅有某一种病虫害发生严重，有的地方果实、枝干、叶部、根部病虫害都严重。有的地方主要是虫害，有的地方虫害、病害同时为害或交替发生为害，对核桃树的生长发育、果实产量与品质均造成不同程度的影响。以往，果园长期依赖化学农药防治病虫害，尤其是使用毒性大、残效期长的农药，极易产生许多不良效果。因此在产地环境安全的前提下，生产无公害果品必须依赖病虫害综合防治技术。

一、无公害防治原则

（一）预防为主，综合防治

这是我国果树病虫害防治的总方针。“预防为主”，在病虫害发生之前采取措施，把病虫害消灭在未发生前或初发阶段。“综合防治”，即从生物与环境的总体出发，本着预防为主的指导思想和安全、经济、有效、简易的原则，充分利用自然界抑制病虫害的各种因素，创造不利于病虫害发生及为害的环境条件，有机地选用各种必要的防治措施，即以农业综合防治为基础，根据病虫害的发生发展规律，因时、因地制宜，合理运用物理措施、生物技术及化学药剂防治等，经济、安全、有效地控制病虫为害。既要达到高产、优质、高效的目的，又要把可能产生的副作用降到最低限度，以保护和恢复生态平衡。对于果树而言，主要包括三点内容：一是从果树生产的自身特点和生态系统的总体观念出发，各种防治措施都要考虑病虫害与各种因素的相互关系，既要注意当时的防治效果，又要考虑多年持续性的生产特点，同时还要保护有益生物，避免各种有害的副作用；二是要注意各种措施的有机协调与配合，充分利用农业综合措施，在此基础上合理选择并配合使用物理的、生物的及化学药剂等有效方法，因时、因地、因病虫害种类不同而采取必要的防治技术，最终达到经济有效的防治目的；三是要全面考虑经济、安全、有效三者的有机结合，无论采取何种措施，都既要控制病虫为害，又要注意节约人力财力，降低防治成本，最终达到丰产、丰收、高效，并要保证人畜安全，避免或减少对环境的污染和对生态平衡的破坏。

（二）抓住主要病虫害，主次兼治

在不同生长发育阶段或不同地区（或果园），核桃都可能受到多种病虫害不同程度的为害，但具体防治时要善于抓住主要病害或害虫种类，集中力量解决对生产为害最大的病虫害问题；同时也要密切注意次要病害或虫害的发展动态和变化，有计划、有步骤地防治一些较为次要的病虫。新建核桃园调运苗木时，主要应考虑并坚决避免苗木所传带的危险性病虫害，如菌核性根腐病等；幼树园以保叶促长为主，病虫害的防治重点是为害叶片的病害或虫害和个别为害枝干的害虫，如细菌性黑斑病、核桃缀叶螟等；盛果期以保果保树为主，其防治重点则为为害果实的病害或害虫和枝干病害，如举肢蛾、云斑天牛、炭疽病。不同物候期防治的重点及措施也不相同，应从全局出发、有主有次、全面安排。休眠期的防治重点是依据当时当地的主要病害及害虫种类，搞好果园卫生，并采取相应措施消灭越冬的病原物和害虫；展叶开花期，是防治病害的初侵染和害虫的始发阶段，应注意选好药剂种类、药剂浓度和用药时机等，主要针对当年可能严重发生的病害及害虫，而且要尽量兼顾其他病虫害；结果期至成熟采收期，以保证果实正常生长发育为主，主要措施以保果为中心，兼顾保叶。此外，不同气候条件下的病虫害防治重点也不相同，如干旱年份或地区以防治叶螨类为主，而在雨水较多年份或地区应以防治细菌性黑斑病和炭疽病为主。

（三）立足群体，点面结合

果树病虫害的防治主要是面对果树的群体，控制病虫害在群体中的发生与为害。但核桃为多年生植物，单位面积上株数较少，单株体积较大，若因病虫害造成园貌不整，必然影响单位面积和整体的产量与效益。同时，果园的群体是由为数不多的单株构成的，单株发病往往是群体发病的基础和先兆。所以，防治核桃病虫害应点面结合，在注意群体面的同时，还必须重视单株；在全面防治的同时，还必须重视少数植株的病虫害治疗。例如，有些害虫（如介壳虫类）在园内扩展蔓延速度缓慢，发生为害具有相对局限性，甚至只发生在个别植株上，对于这类害虫防治时就应以单株为单位进行挑治，既达到防治目的，又可节约投入成本。病斑和病树治疗及害虫挑治，既是避免死枝死树、保持园貌整齐的重要环节，也是预防病虫害由点到面扩大流行的有效措施。

（四）措施合理，切中要害

以最少的人力、物力、财力，最大限度地控制病虫为害是搞好果树病虫害综合治理的基本要求。要做到这一点关键在于掌握病虫害的发生规律和发生特点，把有限的人力、物力、财力用在关键时刻。例如，利用核桃瘤蛾幼虫白天在树皮缝隐蔽和老熟幼虫下树作茧化蛹的习性，可在树干上绑草诱杀，而利用成虫的趋光性于6月上旬至7月上旬成虫大量出现期间设黑光灯诱杀。措施合理还必须有合理的防治指标，除少数特别危险性或检疫性病虫害要立足于彻底控制外，对绝大多数病虫害均不必要求其完全不发生。例如，对叶部病虫害，只要能控制叶片不早期大量脱落即可；对果实病虫害，只要能控制到病虫果率不超过5%即可。过高的要求，只能用过高的防治投资来实现，不符合经济效益原则。

（五）控制病虫为害，合理防治

在核桃生长发育的过程中，都会有许多种害虫或病菌不同程度地对其造成一定影响，有的可以造成一定或很大为害，有的则对果树的生长发育几乎没有什么影响，即对人类的经济活动没有损害或损害甚微。如有的食叶害虫或为害叶片的病害，属于偶发性害虫或病害，一般只是零星发生，只为害个别或少数叶片，而并不影响果树的正常生长发育或并不能给人类造成显著的经济损失。这类害虫或病害，虽然生产中有发生，但并不需要防治。而核桃举肢蛾、炭疽病等害虫或病害，在山西、陕西、河南、河北等省的核桃主产区普遍发生，每年都有可能造成一定或严重损失，所以必须进行针对性防治，以控制或减轻其为害程度。另外，如核桃枝枯病、核桃腐烂病等枝干病害，虽然一般为零星发生，但其发生后常造成受害树的死亡，损失较大，所以发现后应尽快进行治疗。

（六）保护和利用环境，合理用药

病虫害的发生为害程度受环境条件制约，其中许多是可人工控制因素。在栽培管理过程中，有目的地创造有利于树体生长发育的环境条件，使树体生长健壮，提高其抗病虫能力，同时，创造不利于病虫活动、繁殖和侵染的环境条件，减轻病虫害的为害程度，是最理想的综合防治技术。通过控制小气候因素，减轻病虫害的发生为害程度，减少用药次数，保护环境，降低支出。如合理修剪、使果园通风透光良好，可降低核桃炭疽病的发生为害程度，合理的土肥水管理，可使土壤疏松，通气良好，微生物活跃，提高肥力，有利于根系生长，可以减轻根病为害。另外，农药虽然是保证果树健康生长发育的主要措施之一，但使用不当往往污染环境、增加防治成本、造成农药残留，还会使生态平衡受到严重破坏，诱发许多病虫严重发生，进而导致农药用量进一步增加，形成恶性循环。所以，在实际生产中首先应该筛选和使用高效、低毒、低残留的专化性药剂，逐渐淘汰高毒、高残留的广谱性药剂；其次根据药剂的种类与性质、树体的敏感程度，以及病虫的为害程度，对症下药，避免滥用农药；第三，推广病虫害的非农药防治措施，采取综合防治技术，逐渐减少对农药的依赖性。

二、核桃病虫害综合防治途径

核桃病虫害的种类较多，防治措施也多种多样，仅仅依靠农药防治往往起到事倍功半的作用，还会对环境及果品造成污染。因此，在核桃病虫害防治中，应从生态学的整体观念出发，采用检疫防治、农业防治、人工防治、物理防治、生物防治及化学防治等综合措施，把病虫控制在经济受害水平之下，达到高产、稳产、优质、无公害的目的。

（一）检疫防治

植物检疫工作是国家保护农业生产的重要措施，它是由国家颁布条例和法令，对植物及其产品，特别是苗木、接穗、插条、种子等繁殖材料进行管理和控制，防治危险性病、虫、杂草传播和蔓延。植物检疫是贯彻“预防为主，综合防治”的重要举措之一，因此在从外地引进或调出核桃苗木、种子、接穗时，必须进行严格的检疫检验，防止危险病虫害的扩散。

（二）农业防治

农业防治是在认识病虫、果树和环境条件三者之间的相互关系的基础上，采用合理的农业栽培措施，有目的地创造有利于果树生长发育的环境条件，提高果树的抗病能力；同时，创造不利于病虫害活动、繁殖的环境条件，或是直接消灭病虫害，从而控制病虫害发生的程度，能取得化学农药防治所不及的效果。

1. 培育无病虫苗木 一些病虫害是随着苗木、接穗、插条、种子等繁殖材料扩大传播的，因此对于防治这些病虫害，必须将培育无病虫的苗木作为一项十分重要的措施，尤其在新建果园时，一定要使用无病虫的苗木。

2. 选育和利用抗病品种 这是防治果树病害的重要途径之一，不同品种对于病虫害的抗性往往不同，因此在建园及高接换优时，应优先考虑选用抗病品种，如现已推广的晚实品种“清香”，就具有抗病性强的特点。

3. 科学修剪，合理负载 科学修剪，确定合理的负载量，可以调整树体营养分配，创造良好的通风透光条件，进而促进树体生长健壮、恶化病虫繁殖条件、增强树体的抗病虫能力。此外，结合修剪还可以去掉病枝、病梢、病干、病芽和僵果，减少病原和虫原的数量。

4. 耕作制度与肥水管理 根据果园的土壤、气候条件，因地制宜地建立合理的土壤耕作制度和肥水管理制度，可以提高果树的抗病能力，建立不利于病虫生长繁殖的环境条件，从而起到壮树防病虫的作用。如刨树盘，既可疏松土壤促进根系生长，将地表的落叶翻于地下，也可将在土壤中的越冬害虫和病菌翻于地表。加强果园卫生，及时清除病株、病虫果和病虫叶并集中销毁，深耕除草，砍除转寄主植物，可以及时消灭和减少初侵染以及再侵染的病虫来源。加强肥水管理，增施有机肥，改善果园土壤、水分和营养状况，促进根系发育，提高植株抗病性。

（三）物理防治

利用简单工具和各种物理因素，如光、热、电、温度、湿度和放射能、声波等防治病虫害的措施称为物理防治，可算作古老而又年轻的一类防治手段。包括最原始、最简单的徒手捕杀或清除，以及近代物理最新成就的运用。利用许多害虫有集群和假死的习性，可采用人工捕杀，如核桃云斑天牛有受惊假死性，可白天震动枝干使成虫受惊落地进行捕杀；草履介壳虫早春若虫将上树为害时，在树干基部涂宽黏胶环，阻止或杀死上树若虫。一些害虫喜欢在干翘皮、草丛、落叶中越冬，利用这一习性，可在果实采收后在树干绑缚松散草绳，可诱杀如核桃瘤蛾幼虫等。利用昆虫趋光性灭虫自古就有，在园内安装黑光灯，以光诱杀趋光性害虫的成虫，对鳞翅目、鞘翅目、双翅目、半翅目、直翅目害虫的成虫都有良好的诱杀效果，也可在果园便道堆火，诱蚱蝉等扑火而死。对于有趋化性的害虫，还可以利用糖醋液诱杀、性外激素诱杀等方法消灭害虫。

（四）生物防治

生物防治是利用有益生物或其他生物来抑制或消灭有害生物的一种防治方法。它的最大优点是不污染环境，是农药等非生物防治病虫害方法所不能比的。利用自然界捕食性或寄生性天敌，联合对植食性害虫进行捕杀，减少了农药使用次数，降低了农药污染，农业生态环境大为改善，降低了防治成本，对无公害果品的生产有十分重要的意义。自然界天敌资源非常丰富，这些天敌对控制病虫害的发展起着重要的作用。如捕食性生物，包括草蛉、瓢虫、步行虫、畸螯螨、钝绥螨、蜘蛛、蛙、蟾蜍以及许多食虫益鸟等；寄生性生物，包括寄生蜂、寄生蝇等；病原微生物，包括苏云金杆菌、白僵菌等。

（五）化学防治

利用化学农药直接杀死病菌和害虫的方法叫做化学防治。化学防治见效快、效率高、受区域限制较小，特别是对大面积、突发性病虫害可于短期迅速控制。但长期施一种药易引致病虫的抗药性增加、害虫的再次猖獗和次要害虫上升，以及农药残留污染环境、人、畜和食品等。尽管化学防治存在诸多弊端，但因其方法简单、效果好、便于机械化作业，目前仍是果树病虫害最有效的控制手段。在病虫害发生面积大、蔓延快、使用其他方法难以控制，为害程度严重并对生产构成重大威胁的情况下，采用化学防治会收到良好的效果。在选择农药时应遵循以下几点：

1. 对症下药 这里的“症”指的是病原物和害虫。每种药剂只对某些一定类群的病原物或害虫有效，即便广谱药剂如波尔多液之类，也只适用于绝大多数真菌病害，而对白粉病菌效果不佳，由此在确定病虫的基础上用药才能有效控制病虫为害，节省不必要的开支。根据病虫预测预报或历年发生规律，按照“防重于治”的原则，在病虫害发生之前喷布保护剂，以有效预防病虫害的发生。

2. 适时用药，保证喷药质量 各种病虫害均需研究确定其药剂防治的防治指标，再根据当时的预测预报及时施用，过早过迟都会造成浪费或损失。根据所用药剂的残效期长短、病害流行速度、天气状况和作物生育状况决定喷药次数及间隔期长短。必须注意与所用机具和方法配合得当，保证所需药量，药量不足则防效不佳，而且贻误时机，药量过多又造成浪费。喷药时间要科学，特别是夏天气温高，晴天喷药时间应在上午 10 时以前、下午 4 时以后，以防药液中水分蒸发快，浓度迅速增高而发生药害。施用时需保证均匀周到，不能留死角，力求防治彻底。

3. 交替用药 防治某些病虫若长期大面积使用某一类药剂，便会促使病虫产生抗药性，以致用药量被迫逐年增大，防效一再降低，形成恶性循环。因此在选择农药时，为了延长那些高效、特效药剂的使用年限，维持它们的持久威力，在同一地块内不要连续多年、多次、单一使用这些药剂，而宜选用不同的有效药剂轮换使用或选用杀菌机制不同的两三种药剂混合使用。如杀虫剂中的拟除虫菊酯、氨基甲酸酯、生物农药等几类农药可以交替使用。反之，像波尔多液这类一般性杀菌剂，它的杀菌机制在于铜离子凝固病菌原生质，选择性不强，因而对波尔多液始终尚未产生抗药性。

三、主要病害的防治技术

（一）核桃炭疽病

在河南、河北、北京、山西、山东、陕西、新疆、辽宁、云南、四川等地均有发生。主要为害果实、叶片、芽和嫩梢。果实受害后引起早期落果或核仁干瘪，影响产量与质量。

1. 病害症状 受害果实果面上病斑初为褐色，后为黑褐色，近圆形，中央下陷，病部有黑色小点，有时呈同心轮纹状排列。湿度大时，病斑小黑点处出现黏性粉红色孢子团，即病菌分生孢子盘和分生孢子。严重时，病果上常多个病斑扩大连成片，全果变黑腐烂或早落，失去食用价值。成熟前感病者，病斑局限于外果皮，对核仁影响不大。叶片感病后，多在叶尖、叶缘形成大小不等的褐色枯斑，叶外缘枯黄，或在主侧脉间出现长条枯斑或圆褐斑。湿度大时，病斑上小黑点也产生粉红色孢子团。严重时全叶枯黄脱落。芽、嫩梢、叶柄、果柄感病后，出现不规则或长形下陷的黑褐色病斑，造成芽梢枯干，叶果脱落。

2. 发病规律 真菌病害，病菌以菌丝、分生孢子在病枝、叶痕、病果及芽鳞中越冬，成为来年初次侵染来源。分生孢子借风、雨、昆虫传播，从伤口和自然孔口侵入。在25～28℃条件下，潜育期3～7天。核桃炭疽病的发病时间随地区不同而异，一般比核桃黑斑病发病稍晚。河南为6月上中旬，河北、北京为7～8月份，四川为5月中旬。发病早晚和轻重程度与温湿度有密切关系。一般当年雨季早、雨水多、湿度大则发病早且重；反之，则发病晚、病害轻。栽植密度过大，管理水平不高，树冠稠密通风透光不良及举肢蛾多的发病较重。核桃附近有苹果树的发病重。不同品种类型间其抗病性也表现出明显差别，一般早实型核桃不如晚实型核桃抗病性强。但同一类型不同品种和单株间的感病性各不相同。

3. 防治方法 ①合理控制密度，加强栽培管理，改善园内和冠内通风透光条件，有利控制病害。②采收后结合修剪，清除病枝、病果、落叶集中烧毁，减少初次侵染源。③选用丰产优质抗病品种。④春季发芽前喷3～5波美度石硫合剂；生长期及时摘除病果，并用40%退菌特可湿性粉剂800倍液和1∶2∶200波尔多液交替使用，根据病情每半月左右一次；或喷50%多菌灵可湿性粉剂1 000倍液；75%百菌清600倍液；50%或70%甲基托布津800～1 000倍液。使用以上药剂时（除波尔多液外），加0.03%皮胶作展着剂可以显著提高药效。

（二）核桃细菌性黑斑病

又名核桃黑斑病、核桃黑、黑腐病。在我国核桃产区均有不同程度发生，是一种世界性病害。西北、华北、东北、华东和西南核桃产区均有发生，尤以河北、河南、山西、陕西、云南、四川等地较为严重。主要为害果实、叶片、嫩梢和芽，致使果实变黑、腐烂、早落，或使核仁干瘪，出仁率降低，影响核桃产量与质量。

1. 病害症状 果实感病后，果面上出现黑褐色小斑点，而后扩大为圆形或不规则形黑色病斑，无明显边缘，外围有水渍状晕圈。病斑中央下陷龟裂并变为灰白色。遇雨天，病斑迅速扩大，并向果核发展，使核壳变黑。严重时，全果变黑腐烂，提早落果。近熟期，因核壳渐硬化，病斑仅局限于外果皮。叶片感病时先沿叶脉及叶脉分杈处出现黑色小斑点，扩展后，呈近圆形或多角形黑褐色病斑，外缘有半透明状晕圈。多雨时，叶面多呈水渍状近圆形病斑。严重时，病斑连片扩大，叶片皱缩、枯焦，病部中央变为灰白色，脱落，形成穿孔状，叶片残缺不全，提早脱落。叶柄和嫩梢上的病斑呈长圆形或不规则形，黑褐色，稍下陷。严重时病斑扩展包围枝干一周，造成落叶和上段枝梢枯死。芽受害后常变黑枯死。雄花序受害后花轴变黑，扭曲，造成花序枯萎早落。

2. 发病规律 细菌性病害，病原细菌在感病枝条及老病斑、芽鳞和残留病果等组织内越冬。翌春核桃展叶期借雨水、带菌花粉和昆虫活动传播到叶片与果实上，于4～8月发病，并反复多次侵染。

细菌从气孔、皮孔、柱头等自然孔口及各种伤口侵入。核桃举肢蛾、桃蛀螟、核桃长足象等在果实、叶片、嫩枝上取食、产卵造成的伤口，以及日灼伤、雹伤等都是细菌侵入的途径。

核桃黑斑病发病早晚及发病程度与湿度有关。细菌侵染叶片的适温为4～30℃；侵染幼果的适温为5～27℃，一般雨后病害迅速蔓延。春、夏多雨的年份与季节，发病早且严重。华北地区7～8月份恰逢雨季，高温高湿，加之核桃举肢蛾为害及日灼等为细菌的侵入和传播创造了有利条件，果面病斑迅速扩大、变黑腐烂，为发病高峰期。

核桃黑斑病的发病程度还随核桃品种、类型、树势与树龄的不同而不同。早实型核桃发病较晚实型核桃重；不同的核桃品种对核桃黑斑病的抗性不同；虫害多的地区或长势弱的植株发病重；老龄树较中、幼龄壮树发病重。

3. 防治方法 ①加强栽培管理，保持健壮树势，增强抗病能力。②新发展地区选择抗病品种。③及时防治核桃举肢蛾等害虫，采果时避免损伤枝条。④采果后结合修剪，清除病虫枝与病果集中烧毁，减少初次侵染源。⑤发芽前喷3～5波美度石硫合剂，展叶后喷波尔多液（硫酸铜、生石灰和水之比例为1：0.5：200）1～3次；雌花开花前、开花后及幼果期各喷一次50%甲基托布津或退菌特可湿性粉剂500～800倍液，或每半月喷一次50微克/克链霉素加2%硫酸铜，防治效果良好。

（三）核桃腐烂病

核桃腐烂病也称“黑水病”，在新疆、甘肃、山西、河南、山东、四川、安徽等地均有发生，以新疆、甘肃等地发病较为严重。主要为害核桃枝干的树皮，导致枝枯、结实能力下降，甚至全株枯死。

1. 病害症状 随树龄和发病部位的不同病害症状有所差异。成龄大树的主干及主枝感病后，由于树皮厚，病斑初期在韧皮部腐烂而外部无明显症状。当病斑连片扩大后，从皮层向外溢出黑色黏液。营养枝或2～3年生侧枝感病后，枝条逐渐失绿，皮层与木质部剥离、失水，皮下密生黑色小点，呈枯枝状。修剪伤口感染发病后，出现明显的褐色病斑，并向下蔓延引起枝条枯死。幼树主干和主枝感病后，因皮层较薄，病斑易深入木质部，周围产生愈伤组织，初期病斑呈梭形，暗灰色，水渍状，微肿，用手指按压时流出带泡沫的液体，有酒糟气味。病组织失水下陷，病斑上产生黑色小点即病菌分生孢子器，当温湿度大时，从黑点内涌出橘红色丝状物，为病菌的分生孢子角。后期病斑纵向开裂，流出大量黑水。当病斑绕枝干一周时，幼树主枝或全株枯死。

2. 发病规律 真菌病害，病菌以菌丝体及分生孢子器在病组织上越冬。翌春树液流动时，病菌孢子借风、雨、昆虫传播，从伤口侵入，逐渐扩展蔓延为害。可在芽痕、皮孔、剪口、嫁接口及冻伤、日灼处发生病斑。总之，一切导致树势衰弱的因子都有利于该病害的发生。一年中从早春到树木越冬前，都是为害期，每当空气湿度大时，陆续泌出分生孢子角，产生大量的分生孢子，整个生长季节可多次侵染为害，直至越冬前停止侵染。其中春秋两季为发病高峰期。尤以春季为害最重，4 月中旬至 5 月下旬为主要发病期。一般核桃苗期与幼龄期较成龄结果树发病程度轻。生长在土壤瘠薄、排水不良、盐碱地或遭受冻伤和干旱失水以及连年大量开花结实，且管理粗放的核桃树容易发病。

3. 防治方法 ①加强栽培管理，改良土壤，增施有机肥，提高树体营养水平，增强树势和抗寒抗病能力。②早春和生长季节及时彻底刮治病斑，大树要刮去老皮铲除隐蔽在皮层下的病疤。刮除范围应超出变色坏死组织 1 厘米左右，达到刮口光滑、平整。剪下的病枝，刮下的老皮、病皮集中烧毁。刮皮后用 50％甲基托布津可湿性粉剂 50 倍液，或 50％退菌特可湿性粉剂 50 倍液，或 5～10 波美度石硫合剂，或 1％硫酸铜液进行涂抹消毒，然后涂波尔多液保护伤口。③冬、夏树干涂白，防止冻害和日灼。④用 50％甲基托布津、10％苯并咪唑、65％代森锰锌等 50～100 倍液涂刷树干，用 200～300 倍液涂抹嫁接伤口，用 100～500 倍液涂抹修剪伤口。

（四）核桃枝枯病

在辽宁、河北、河南、山东、陕西、甘肃、四川、江苏等地均有发生。主要为害核桃枝干，造成枝干枯死，树冠逐年缩小，严重影响树势产量。此病还为害野核桃、核桃楸和枫杨。

1. 病害症状 多在 1～2 年生枝梢或侧枝上发病，并从顶端逐渐向下蔓延到主干。受害枝的叶片变黄脱落。初期，病部皮层失绿呈灰褐色，后变红褐色或灰色，干燥时开裂下陷露出木质部，当病斑扩展绕枝干一周时，出现枯枝以至全株死亡。在枯死枝干上产生密集群生小黑点，直径 1～3 毫米，即病菌的分生孢子盘。湿度大时，大量分生孢子和黏液从盘中涌出，在盘口形成黑色小瘤状突起。

2. 发病规律 真菌病害，病菌在病枝上越冬，为翌年初次侵染源。孢子借风、雨、昆虫传播，通过各种伤口侵入皮层，逐渐蔓延。5～6月开始发病，初期病斑不明显，随着病斑逐渐扩大，皮层枯死开裂，病部表面分生孢子盘不断散放出分生孢子，进行多次侵染，7～8月为发病盛期。

核桃枝枯病为弱寄生菌，腐生性强，发病轻重与树势强弱有密切关系。老龄树、生长衰弱的树或枝条，或者遭受冻害或春旱的核桃树，以及空气湿度大或雨水多的年份发病重。一般立地条件好、栽培管理水平高、长势旺的树很少发病。栽植密度过大，通风透光不良的发病重。

3. 防治方法 ①栽植时坚持适地适树原则，建园后加强栽培管理，保持健壮树势，提高抗病能力。②入冬前结合修剪，清除病枝、枯死枝及枯死树，集中烧毁，减少初次侵染源，并做好冬季防冻工作。③冬季树干涂白，注意防冻、防虫、防旱，尽量减少衰弱枝和各种伤口，防止病菌侵入。④主干发病，应及时刮治病斑，并用3～5波美度石硫合剂，再涂抹煤焦油保护。⑤药剂防治，在6～8月选用70%甲基托布津可湿性粉剂800～1 000倍液或400～500倍液代森锰锌可湿性粉剂喷雾防治，每隔10天喷一次，连喷3～4次可收到明显的防治效果。同时要及时防治云斑天牛、核桃小吉丁虫等蛀干害虫，防止病菌由蛀孔侵入。

（五）核桃褐斑病

在河北、河南、陕西、山东、吉林、四川等地有不同程度的发生。主要为害叶片、嫩梢和果实，引起早期落叶、枯梢、烂果，影响树势和产量。

1. 病害症状 叶片感病首先出现小褐斑，扩大后呈近圆形或不规则形，直径0.3～0.7厘米，中间灰褐色，边缘不明显，呈暗黄绿色至紫色。病斑上有略呈同心轮纹状排列的黑褐色小点，即分生孢子盘与分生孢子。病斑增大连成大片枯斑造成早期落叶。果实上的病斑较叶上的小，凹陷，扩展或连片后，果实变黑腐烂。嫩梢上病斑呈长椭圆形或不规则形，黑褐色，稍凹陷，边缘褐色，中间常有纵向裂纹，后期病斑上散生小黑点，即分生孢子盘与分生孢子，严重时造成枯梢。

2. 发病规律 真菌病害，病菌以菌丝、分生孢子在落叶或感病枝条等病残组织内越冬，翌年春天形成分生孢子，借风雨传播。从叶片侵入，发病后病部又形成分生孢子进行多次再侵染，夏季进入发病盛期，雨水多、高温高湿条件下发展迅速。在陕西5月中旬至6月上旬开始发病，7～8月为发病盛期。

3. 防治方法 ①果实采收后结合修剪，清除病枝、病叶、病果，集中烧毁或深埋，减少病源。②花期前后各喷1：2：200波尔多液或50%甲基托布津可湿性粉剂800倍液，或70%甲基托布津可湿性粉剂1 000～1 200倍液，或75%多菌灵可湿性粉剂1 200倍液，65%甲霜灵可湿性粉剂1 500～2 000倍液，或80%代森锰锌可湿性粉剂1 000～1 200倍液，或50%扑海因可湿性粉剂1 000～1 500倍液。喷药时，注意交替施药，如逢雨季，可在配制好的药液中加入助杀灵等展着剂，以提高药液黏着性。

（六）核桃溃疡病

在河北、河南、山西、陕西、安徽、江苏等地有发生。主要为害幼树主干、嫩枝及果实。枝干感病后造成长势衰弱、枯枝甚至全株死亡；果实感病后导致提早落果，品质下降。

1. 病害症状 该病害多发生在树干和主侧枝基部，初为褐黑色近圆形病斑，之后有的扩展成梭形或长条形病斑。幼嫩及光滑的树皮感病，病斑初期呈水渍状或形成明显水泡，破裂后流出褐色黏液，遇空气变为黑褐色，形成圆斑。后期病斑干缩下陷，中央开裂，散生众多小黑点，即病菌分生孢子器。病害严重时，病斑迅速扩展或多个相连，形成大小不等的梭形或长条形。当病斑扩大绕枝干一周时，即出现枝梢干枯或全株死亡。在病皮上产生许多较大似线条状排列的黑色小点，遇潮湿，黑点上长出白色至乳白色分生孢子角。到秋季，病部表皮破裂，露出大量密集黑色小圆点，即病菌有性阶段。在老树皮上，病斑呈水渍状，中心黑褐色，四周浅褐色，无明显边缘，病皮下的韧皮部与内皮层腐烂，呈褐色或黑褐色，有时深达木质部。严重病株，许多圆形病斑联合，导致树势衰弱甚至全株死亡。感病果实上，病斑初期近圆形，褐色至暗褐色，大小不等。引起果实早落、干缩或变黑腐烂，表面产生许多褐色至黑色粒状物，即病菌子实体。

2. 发病规律 真菌病害，以菌丝在罹病组织内越冬。翌春气温回升，雨量适中，形成分生孢子，借风雨传播，于枝干皮孔或受伤衰弱组织侵入，形成新的溃疡病斑。新病斑或新病株的形成，是病菌潜伏侵染的结果。即核桃树的枝干在当年正常生长期，病菌已侵入体内，当核桃树遇到不利条件而生理失调时，就表现出症状。病菌潜育期的长短与外界气温高低呈负相关。一般从侵入到症状出现约1～2个月。早春的低温、干旱与大风，对于受伤、失水、长势弱及遭受冻害的植株，病菌易侵入感染。感病处易表现出症状。一般树干或干基向阳面发病较多。春季当气温达10～15℃时，病害逐渐发生；5～6月气温达17～25℃时，为发病高峰期；7～8月气温达30℃以上时，病害基本停止。入秋后又略有发展，入冬后停止蔓延。

该病害的发生还与植株长势与昆虫为害情况有关。管理粗放，树势衰弱或土壤干旱、土质差及伤口多的核桃树易感病。不同品种、类型的感病程度也不尽相同。

3. 防治方法 ①选用抗病品种，加强栽培管理，增施有机肥或种绿肥，保持健壮树势，增强抗病能力。②树干涂白，防止冻害与日灼。涂白剂配料为：生石灰5千克，食盐2千克，油

0.1千克，豆面0.1千克，水20千克。③冬春刮治病斑，要求刮到木质部，彻底铲除病部后涂抹3波美度石硫合剂，或1%硫酸铜液、10%碱水（碳酸钠）、波尔多液（硫酸铜、石灰与水之比为1∶3∶15）。

（七）核桃白粉病

在各产区均有发生，主要为害叶、幼芽、果实、嫩枝等绿色部位，引起早期落叶和苗木死亡。一般叶片发病率为10%～30%，干旱季节，发病率可达90%以上，影响树势和产量。

1. 病害症状 该病为害叶片、幼芽和新梢，造成早期落叶，甚至苗木死亡，7～8月发病，初期叶面产生褪绿或黄色斑块，严重时叶片变形扭曲皱缩，嫩芽不展开。并在叶片正面或反面出现白色、圆形粉层，即病菌的菌丝和无性阶段的分生孢子梗和分生孢子。后期在粉层中产生褐色至黑色小粒点，或粉层消失只见黑色小粒点，即病菌有性阶段的闭囊壳。幼苗受害后，植株矮小，顶端枯死，甚至全株死亡。病菌侵害幼果后，病果皮层褪绿、畸形，形成白色粉状物，严重时导致裂果。

2. 发病规律 真菌病害，病菌在脱落的病叶上越冬，7～8月发病。温暖而干旱，氮肥多、钾肥少，枝条生长不充实时易发病，幼树比大树易受害。病菌以菌丝体和闭囊壳在树体的芽、芽痕等部位越冬，一般情况下顶芽带菌率最高。翌年春季气温上升，遇到雨水，闭囊壳吸水膨胀破裂，散出子囊孢子，随气流传播到幼嫩芽梢及叶上，病原芽管可直接侵入寄主细胞中，产生吸器，侵入寄主后，病原潜育期较短，一般为3～5天，就可出现症状。发病后病斑上多次产生分生孢子进行再侵染。秋季病叶上产生小粒点即闭囊壳，随落叶越冬。温暖气候，潮湿天气都有利于该病害发生。植株组织柔嫩，也易感病，苗木比大树更易受害。果园密集通风不良，管理粗放，病害发生重。

3. 防治方法 ①合理施肥与灌水，加强树体管理，增强树体抗病力。②合理密植，结合冬剪，及时清除病原残体，减少初侵染。③及时摘、剪被害梢叶，消灭病叶，以减少初次侵染源。④发病初期用0.2～0.3波美度石硫合剂，生长季用50%甲基托布津可湿性粉剂1 000倍液，或15%粉锈宁可湿性粉剂1 500倍液喷洒。

（八）核桃苗木菌核性根腐病

核桃苗木菌核性根腐病又叫白绢病，在我国西南地区（主要是云南大理地区）时有发生。多为害1年生幼苗，使其主根及侧根皮层腐烂，地上部枯死，甚至全树死亡。

1. 病害症状 通常发生在苗木的根颈部或茎基部。在高温、潮湿条件下苗木根颈基部和周围土壤及落叶表面先出现白色绢丝状菌丝体，菌丝可逐渐向下延伸至根部。随后在菌丝体上产生白色或褐色油菜籽状的粒状物，即病原菌的小菌核。苗木根颈部皮层逐渐变成褐色坏死，严重的皮层腐烂。苗木受害后，影响水分和养分的吸收，以致生长不良，地上部叶片变小变黄，枝条节间缩短，严重时枝叶凋萎，当病斑环茎一周后会导致全株枯死。有些树种叶片也能感病，在病叶片上出现轮纹状褐色病斑，病斑上长出小菌核，叶片逐渐凋萎脱落。

2. 发病规律 真菌病害，白绢病菌为根部习居菌，主要以菌核在土中越冬，也可在被害苗木及被害杂草上越冬，翌年土壤温湿度适宜时菌核萌发产生菌丝体，病菌在土壤中可随地表水流进行传播，菌丝依靠生长在土中蔓延，侵染苗木根部或根颈。病菌以菌丝在土中蔓延传播。病菌喜高温，因此病害多在高温多雨季节发生，6月上旬开始发病，7～8月气温上升至30℃左右时为发病盛期，9月末停止发病。高温高湿是发病的重要条件，气温30～38℃，经3天菌核即可萌发，再经8～9天又可形成新的菌核。在酸性至中性、排水不良、肥力不足黏重土壤中容易发病，而土壤有机质丰富、含氮量高及偏碱性土壤中则发病少；土壤湿度大有利于病害发生，特别是在连续干旱后遇雨可促进菌核萌发，增加对寄主侵染的机会；连作地由于土壤中病菌积累多，苗木也易发病；圃地管理措施不当，整地质量差，播种过密，排水不畅，圃地杂草多，品种抗性差，耕作粗放，均能引发或加重核桃根腐病的发生。根颈部受日灼伤的苗木也易感病。

3. 防治方法 ①避免病圃连作，选排水好、地下水位低的地方为圃地，多雨区采用高床育苗。②晾土或换土，每年进行1次，一般换1～2次即可见效。③选用健康无病的种子，播种前，可用种子重量0.3%的退菌特或种子重量0.1%的粉锈宁拌种，或用80%的402抗菌剂乳油2 000倍液浸种5小时。④用1%硫酸铜或甲基托布津可湿性粉剂500～1 000倍液浇灌病树根部，再用消石灰撒入苗颈基部及根际土壤，或者用代森铵水剂、可湿性粉剂1 000倍液浇灌土壤，对病害均有一定的抑制作用。⑤发现病株，及时挖除，集中烧毁，防止病害蔓延。

四、主要虫害的防治技术

（一）核桃举肢蛾

核桃举肢蛾属鳞翅目，举肢蛾科，俗称核桃黑。在华北、西北、西南、中南等核桃产区均有发生，尤其是太行山、燕山、秦巴山及伏牛山区的核桃产区发生更为普遍，果实被害率达30%～90%，是影响核桃产量与质量的主要害虫。

1. 形态特征 成虫体长5～8毫米，翅展10～15毫米，体黑褐色，有金属光泽，复眼红色。触角丝状密被白毛，头部褐色被银灰色大鳞片，下唇须发达，内侧银白色，外侧淡褐色。前翅黑褐色狭长，翅基至翅端2/3处有一个半月牙形白斑，1/3处有一椭圆形白斑；后翅褐色，有金光。前后翅均有较长缘毛，翅后缘毛长于翅宽。后足长于体长，胫节、跗节环生黑色长毛束。

卵椭圆形，长0.3～0.4毫米，初产时乳白色，渐变黄白色，黄色或浅红色，孵化前红褐色。

幼虫初孵时体黄白色，头黄褐色，体长1.5毫米，老熟幼虫体长7～13毫米，肉红色，头棕黄色。

蛹纺锤形，初为黄色，近羽化时为深褐色，长4～7毫米。茧长椭圆形略扁平，褐色，上面密缀草末和细土粒，长7～10毫米，较宽一端有一黄白色缝合线，常露于土表，为成虫羽化时的出口。

2. 生活习性 在河南、陕西、四川、云南每年发生2代，河北、北京、山西每年1代，均以老熟幼虫在树冠下1～3厘米深的土内或杂草、石块与土壤间结茧越冬。在河北6月上旬（云南于4月中旬）开始化蛹，6月下旬为化蛹盛期，6月上旬至8月上旬为成虫羽化期，6月上旬至7月上旬为羽化盛期。6月中旬幼虫开始为害，老熟幼虫7月中旬开始脱果，9月末脱果结束。在陕西洛南5月中旬开始化蛹，7月上旬老熟幼虫开始脱果；幼虫在茧内化蛹，蛹期7～10天，7月中旬开始出现2代成虫。成虫多在下午羽化，白天多栖于树冠下部叶的背面。静止时后足向侧后方上举，并常作划船状摇动，用前、中足行走，故称举肢蛾。成虫于傍晚交尾，5月上旬开始产卵。卵多散产于两果相接的缝隙、果面与果洼处，经4～5天卵即孵化。初孵幼虫先在果面上爬行2～4小时后蛀果，蛀孔处有透明水珠，幼虫在青皮内串食，隧道内充满虫粪，不转果为害。被害果实外果皮变黑下陷，皱缩、早落。不落的果实种仁不充实，失去食用价值。幼虫在果内为害30～45天，老熟后脱果入土，结茧越冬。

核桃举肢蛾每年发生时期及世代，随海拔高度与气候条件不同而异。高海拔地区每年发生1代。低海拔地区每年2代。一般多雨年份比干旱年份为害重，荒坡地比间作地为害重。深山的沟顶及阴坡比阳坡及沟口开阔平地为害重。

3. 防治方法 ①冬季结冻前彻底清除树下枯枝落叶与杂草，

刮除树干基部翘皮，集中烧毁，并翻耕土壤，消灭越冬幼虫。②采果至土壤封冻前或翌年早春进行树下耕翻，深度约15厘米，并结合耕翻可在树冠下地面上撒施5%辛硫磷粉剂，每亩用2千克。③成虫羽化前于树盘覆土2～4厘米，阻止成虫出土，或每株树冠下撒25%西维因粉0.1～0.2千克杀成虫。④7月上旬幼虫脱果前，及时捡拾落果和提前采收被害果深埋杀灭幼虫。⑤自成虫产卵期开始，每隔半月喷一次25%西维因600倍液，或敌杀死5 000倍液、40%乐果乳油800～1 000倍液，连喷3～4次。⑥在6月，每亩释放松毛虫、赤眼蜂等天敌30万头，可控制为害程度。⑦郁蔽的核桃林，在成虫发生期可使用烟剂熏杀成虫。

（二）核桃云斑天牛

核桃云斑天牛属鞘翅目，天牛科。俗称核桃大天牛、铁炮虫。分布较广，在河北、河南、北京、山东、山西、陕西、甘肃、四川、云南、贵州等核桃产区均有发生。主要为害枝干，使受害树树势减弱，进而全株死亡，是核桃树的一种毁灭性害虫。除为害核桃树外，还为害其他果树和林木。

1. 形态特征　成虫体长57～97毫米，黑褐或灰褐色。触角鞭状，长于体。前胸背板有一对肾形白斑，两侧各具一大刺突。小盾片白色。鞘翅基部密布黑色瘤状颗粒，鞘翅上有二三行排列不规则的白斑，似云片状。体两侧从复眼至腹端各有一白色条纹。

卵长椭圆形，长8～10毫米，淡土黄色，弯曲略扁，卵壳硬，光滑。

幼虫长74～100毫米，黄白色，头扁平，前胸背面有橙黄色半月牙形斑块。前胸腹面有4个排列不规则橙黄色斑块。后胸及腹部1～7节背面和腹面分别有“口”形骨化区。

2. 生活习性　发生世代因地而异。在贵州1年1代，以成虫越冬；在四川2年1代，以成虫和幼虫越冬；在河北2～3年1代，以幼虫越冬。越冬幼虫4月中下旬开始活动，6月上旬至8月中旬出现成虫，初羽化成虫先取食叶片和新枝嫩皮，补充营养。成虫多夜间活动，受惊落地有假死性。6月中下旬为产卵盛期，卵多产于距地面60～200毫米的树干或较粗的主枝上。产卵前先将树皮咬一半月牙形刻槽，每处产卵1粒，一雌虫可产卵20～40粒，卵期10～15天。初孵幼虫先在皮层内串食，被害处变黑，流褐色树液，经一月左右幼虫渐转入木质部，向上串食为害。

3. 防治方法 ①利用成虫的趋光性和假死性，晚上用黑光灯引诱捕杀，白天震动枝干使成虫受惊落地捕杀。②产卵期在树干、主枝等处发现刻槽，用硬器敲击，可砸死卵或初孵幼虫。③发现排粪新鲜的虫孔，清除排泄孔中的虫粪、木屑，然后注射药液，或堵塞药泥，药棉球，并封好口，以毒杀幼虫。常用药剂有80%敌敌畏乳剂100倍液，50%辛硫磷乳剂200倍液等。④冬季或5～6月成虫产卵后，用石灰5千克，硫磺0.5千克，食盐0.25千克，水20千克充分拌和后，涂刷树干基部，能防治成虫产卵，又可杀死幼虫。⑤7～8月间，每隔10～15天，各产卵刻槽上喷50%杀螟乳剂400倍液，毒杀卵及初孵幼虫，或用40%杀虫净乳剂500～1 000倍液喷雾防治成虫，效果可达80%左右，还可兼治其他害虫。

（三）木橑尺蠖

木橑尺蠖属鳞翅目，尺蠖蛾科。又名木橑步曲，俗称吊死鬼、小大头虫，是河北、河南、山东、山西、陕西、四川、甘肃等地普遍发生的一种杂食性害虫。寄主有150余种，主要为害核桃和木橑。大发生时，3～5天即可将树叶吃光，严重影响树势与产量。

1. 形态特征 成虫体长18～22毫米，翅展72毫米，腹背近乳白色，腹末棕黄色。复眼为深褐色。翅面有灰色和橙色斑点，前翅基部有一近圆形黄棕色斑纹，前后翅的中央各有一个浅灰色斑点，外缘各有一条断续的橙色和深褐色斑纹。雄蛾触角为短羽状，雌蛾为丝状。

卵扁圆形，绿色，长 0.9 毫米。卵块上覆有一层黄棕色绒毛，孵化前卵变为黑色。

幼虫有 6 个龄期，老熟幼虫体长约 70 毫米，体色随幼虫发育渐变为草绿色、绿色、浅褐绿色或棕黑色。体上散生灰白色小点，头部额面有一深棕色∧形凹纹，胸足 3 对，腹足 1 对，臀足 1 对，每一腹足上有趾钩 40 多个。

蛹长约 30 厘米，宽 8～9 毫米，初为翠绿色，后为黑褐色。体表布小刻点，光滑。颅顶两侧齿状突起明显，似耳状物。臀刺突起，肛门及臀刺两侧有 3 块峰状突起。

2. 生活习性　在河南、河北、山西每年发生 1 代。以蛹在树干周围土内 3 厘米处或石缝内、杂草及碎石堆中越冬。在河北 5 月上旬至 8 月下旬羽化，7 月中下旬为盛期。成虫趋光性强。羽化后即交尾，卵成块产于树皮缝或石块上。雌虫产卵量为 1 000～1 500 粒，卵期 9～10 天。初孵幼虫有群集性，活泼，爬行很快，能吐丝下垂借风力转移为害。2 龄后尾足攀缘能力强，静止时直立于小枝上，或以尾足和胸足分别攀在小枝分杈处伪装成树枝，不易被发现。幼虫期 40 天左右，老熟幼虫坠地在树下 3 厘米左右深的土缝、石缝或乱石下化蛹。往往几十甚至几百头聚在一起化蛹。

3. 防治方法　①落叶后至结冻前，早春解冻后至羽化前，结合整地组织人工挖蛹。②5～8 月成虫羽化期，利用其趋光性，晚上烧堆火或设黑光灯诱杀（如无黑光灯用 200 瓦电灯也可）。③各代幼虫孵化盛期，特别是第 1 代幼虫孵化期喷 90%敌百虫 800～1 000 倍液、50%辛硫磷乳油 1 200 倍液、50%马拉硫磷乳油 800 倍液、5%氯氰菊酯乳油 3 000 倍液、10%天王星乳油

3 000～4 000 倍液、20%速灭杀丁乳油 2 000～3 000 倍液，均有较好效果。④7～8 月释放赤眼蜂可对虫害起到控制作用。

（四）草履介壳虫

草履介壳虫属同翅目，绵蚧科。又名草鞋蚧、草鞋介壳虫。在北京、辽宁、河南、河北、山东、山西、陕西、甘肃、安徽、江苏、江西、福建等地均有分布，以若虫和雌成虫的刺吸口器插入嫩枝皮和嫩芽内吸食汁液，影响发芽和树势，导致枝条干枯死亡。

1. 形态特征 雌成虫无翅，体长 10 毫米，扁平椭圆，灰褐色，背面隆起似草鞋，黄褐至红褐色，疏被白蜡粉。触角黑色被细毛，丝状，9 节较短。胸足 3 对发达，黑色被细毛。腹部 8 节，体背有横皱和纵沟。雄成虫体长约 6 毫米，翅展 11 毫米左右，紫红色。触角黑色，丝状。头胸黑色，腹部深紫红色，触角念珠状 10 节，黑色，略短于体长，鞭节各亚节每节有 3 个环，上环生细长毛。前翅紫黑至黑色，前缘略红；后翅特化为平衡棒。足黑色被细毛。腹末具 4 个较长的突起。性刺褐色、筒状、较粗、微上弯。

卵椭圆形，长 1～1.2 毫米，初产时黄白色，渐成赤褐色。

若虫体形与雌成虫相似，体小色深。

雄蛹圆锥形，淡红紫色，长约 5 毫米，外被白色蜡状物。

2. 生活习性 每年发生 1 代。以卵和若虫在寄主树干周围土缝和砖石块下或 10～12 厘米土层中越冬。卵的孵化早晚受气温影响。卵 1 月底开始孵化，若虫暂栖居卵囊内，寄主萌动开始出土上树，在河北 2 月开始孵化，河南最早于 1 月即有若虫出土。先集中于根部和地下茎群集吸食汁液，随即陆续上树，初多于嫩枝、幼芽上为害，行动迟缓，喜于皮缝、枝杈等隐蔽处群栖。稍大喜于较粗的枝条阴面群集为害。初龄若虫行动迟缓，天暖上树，天冷回到树洞或树皮缝隙中隐蔽群居，最后到 1、2 年生枝条上吸食为害。雌虫经3次蜕皮变成成虫，雄虫第2次蜕皮后不再取食，下树在树皮缝、土缝、杂草中化蛹。蛹期10天左右，4月下旬至5月上旬羽化，与雌虫交配后死亡。雌虫多在中午前后高温时下树，阴雨天、气温低时多潜伏于皮缝中不动，在6月前后下树，在根颈部土中产卵后死亡。

3. 防治方法 ①冬季结合刨树盘，挖除在根颈附近土中越冬的虫卵。②早春若虫将上树为害时，在树干基部涂6～10厘米宽黏胶环，阻止并杀死上树若虫。黏虫胶可用相同等份的废机油与棉油泥或石油沥青，加热熔化搅匀直接使用。③早春若虫上树前，用6%的柴油乳剂喷根颈部表土。④若虫下树后，在核桃发芽前喷3～5波美度石硫合剂，发芽后喷40%乐果800倍液。⑤保护大红瓢虫等天敌。

（五）核桃瘤蛾

核桃瘤蛾属鳞翅目，瘤蛾科。又名核桃毛虫。在北京、河北、河南、山东、山西、陕西、甘肃、四川等地均有分布。是以幼虫为害核桃树叶的一种突发性暴食害虫。在严重为害期可将树叶吃光，造成二次发芽，枝条枯死，树势极度减弱，导致次年大批枝条枯死，大大影响核桃树的寿命。

1. 形态特征 成虫雌蛾长9～11毫米，翅展21～24毫米。雄蛾长8～9毫米，翅展19～23毫米。全体灰褐色，微有光泽。雌蛾触角丝状，雄蛾双栉齿状。前翅前缘基部及中部有3个隆起的鳞簇，基部的1个色较浅，中部的2个色较深，组成了前翅前缘基部及中部两块明显的黑斑。从前缘至后缘有3条由黑色鳞片组成的波状纹。后缘中部有1褐色斑纹。

卵直径0.4～0.5毫米，扁圆形。初产为乳白色，后变为黄褐色，中央顶部略凹陷，四周有细刻纹。

幼虫多为7龄，少数为6龄，4龄前体色黄褐，体毛短。4龄时体长6～7毫米，体色灰褐，体毛明显增长。老熟幼虫体长

12～15 毫米，体形短粗而扁，头暗褐色，背淡褐色，胸腹部 1～9 节背面有毛瘤，每节 8 个，腹部 4～6 节背面有白条纹。

蛹长 8～10 毫米，黄褐色。腹部末端半球形，光滑无臀棘。

茧长椭圆形，细密丝质，黄白色。

2. 生活习性 每年发生 2 代，以蛹茧在树下的石块或土块下、树皮缝、树洞及杂草内越冬，以石堰缝中最多，占总蛹数的 97.3%，其他场所极少。年发生 4 代区多以 2 龄幼虫在树皮缝中越冬。在北京、河北 5 月中旬至 7 月上旬羽化，6 月上旬为羽化盛期，成虫羽化时间绝大多数在 18～20 时，有趋光性，黑光灯诱力最强，蓝光灯次之，一般灯光诱不到蛾子。成虫白天不活动，傍晚后到 22 时前最活跃。成虫羽化后经两天交尾，交尾时刻大多在清晨 4～6 时左右，交尾经历 1～3 小时，交尾后第 2 天产卵。6 月中旬前后为产卵盛期，卵散产于叶背主侧脉交叉处，卵期 7 天左右。幼虫 3 龄前在叶背面啃食叶肉，3 龄后活动增强，能转移为害，白天到两果交接处或树皮缝内隐蔽不动，晚上爬到叶上取食，叶片吃得只留叶脉，严重时还吃果皮。7 月上中旬为第一代老熟幼虫下树盛期，蛹期 9～14 天。9 月中下旬第二代幼虫全部下树化蛹越冬。

3. 防治方法 ①利用幼虫白天在树皮缝隐蔽和老熟幼虫下树作茧化蛹的习性，在树干上绑草诱杀。②利用成虫的趋光性，于 6 月上旬至 7 月上旬成虫大量出现期间设黑光灯诱杀。③秋冬刮树皮、刨树盘及土壤深翻，消灭越冬蛹茧。④6～7 月幼虫发生期，喷施 95%的敌百虫 1 000～2 000 倍液，或 50%敌百虫 800～1 000 倍液、25%灭幼脲悬浮剂 3 号 1 000～1 500 倍液、50%辛硫磷乳油 2 000 倍液、2.5%溴氰菊酯乳油 4 000 倍液、47%乐斯本乳油 1 000 倍液、20%速灭杀丁乳油 3 000 倍液、20%灭扫利乳油 3 000 倍液、25%伏虫脲 1 000～2 000 倍液、80%敌敌畏乳油 1 000 倍液。⑤保护利用自然天敌，释放赤眼蜂。

（六）芳香木蠹蛾

芳香木蠹蛾属鳞翅目，木蠹蛾科。又名杨木蠹蛾，俗称红虫子。在东北、华北、西北、西南都有分布。幼虫群集为害树干根颈部的皮层，老熟幼虫可蛀食木质部，使树干基部呈环状剥皮，严重破坏树干基部及根系的输导组织，受害轻者使树势衰弱，产量下降，重者使整枝或全株枯死。

1. 形态特征 成虫体长 30～40 毫米，翅展 60～90 毫米，体翅灰褐色，腹背略暗。复眼黑褐色。前翅上遍布不规则黑褐色横纹。前胸与头连接处有圈白色鳞毛。触角栉齿状，足胫节有 2 个距。

卵椭圆形，长 1.5 厘米左右，近卵圆形，初产为白色，孵化前暗褐色。卵表有纵行隆脊，脊间具横行刻纹。

老熟幼虫长约 80 毫米，体粗壮扁平，头紫黑色，体背紫红色，有光泽。初孵幼虫粉红色，大龄幼虫体背紫红色，侧面黄红色，头部黑色，有光泽，前胸背板淡黄色，有两块黑斑，体粗壮，有胸足和腹足，腹足有趾钩，体表刚毛稀而粗短。

蛹暗褐色，长 30～40 毫米，茧长 50～70 毫米。

2. 生活习性 在北京、河北、山西、河南、陕西 2 年 1 代，在西宁 3 年 1 代。以幼虫在被害树干根颈部的蛀道内，或老熟幼虫在根颈附近深 10 厘米左右土内结茧越冬。翌年 6～7 月羽化，成虫弱趋光性，多夜间活动。卵多产于根颈部或往上 1～1.5 米左右的树皮裂缝中，呈块状，每卵块一般为 50～60 粒，甚至百粒以上。6～7 月孵化出幼虫。初孵幼虫 10 余头，甚至几十头群聚蛀入皮层下为害，在树木裂缝处排出均匀细小的褐色木屑。长大后便蛀入木质部。10 月下旬幼虫在木质部的隧道里过冬，翌年 4 月继续为害，一般向上蛀食者多。第二年 9 月下旬至 10 月上旬，老熟幼虫爬出隧道到树木附近根际处、杂草丛生的土埂、土坡等向阳干燥的土壤里结茧过冬。

3. 防治方法 ①伐除虫源树并及时烧毁，结合秋季整形修剪，锯掉有虫枝烧毁。②利用成虫有趋光性，6～7月设黑光灯诱杀。③敲击树干根颈部，有空响声，即撬开树皮捕杀幼虫。④冬季结合刨树盘、土壤深翻，挖出虫茧。⑤6～7月产卵期，在距地面1.5米以下树干及根颈部喷40%乐果乳油1 500倍液，2.5%溴氰菊酯、20%杀灭菊酯3 000～5 000倍液，防治初孵幼虫。⑥5～10月幼虫为害期，用40%乐果20～50倍液注入或喷入虫道内，并用湿泥土封严，毒杀幼虫。⑦注意保护和利用啄木鸟等天敌。

（七）核桃横沟象

核桃横沟象属鞘翅目，象甲科。又名核桃黄斑象甲、核桃根象甲、根象甲。在河南西部，陕西商洛，四川绵阳、平武、达县、西昌，甘肃陇西，云南漾濞等地均有发生。主要以幼虫在根颈部韧皮层中串食（常与芳香木蠹蛾混合发生）为害，使养分、水分的吸收输导受阻，轻者树势减弱，产量下降，重者全株枯死。

1. 形态特征 成虫全体黑色，体长12～16毫米，体宽5～6毫米。头管约占体长1/3，触角着生在头管前端，膝状。前胸背板密布不规则点刻。鞘翅基部2/5处前缘各横列着生棕黄色绒毛斑3～4丛，端部1/4处各着生棕黄色绒毛斑6～7丛，翅鞘末端具弧形凹陷。腿节端部膨大，胫节顶端有钩状齿，跗节底面有黄褐色绒毛，顶端有1对刺钩。

卵椭圆形，长1.4～2毫米，宽1～1.3毫米，初产乳白色，逐渐变为黄色至黄褐色。

幼虫长15～20毫米，黄白色，肥壮，向腹面弯曲，头部棕褐色，口器黑褐色。

蛹为裸蛹，黄白色，长14～17毫米，末端有两根黑褐色臀刺。

2. 生活习性 在陕西、河南、四川为 2 年 1 代，以幼虫和成虫在根际皮层内越冬。经越冬的老熟幼虫 4～5 月在虫道末端化蛹，6 月中旬为盛期，可延续到 8 月上旬，蛹期平均为 17.4 天，陕西 6 月中旬开始羽化成虫，7 月上中旬为盛期，8 月中旬结束。初羽化的成虫不食不动，在蛹室停留 10～15 天，然后爬出羽化孔，经 34 天左右的取食树叶、根皮补充营养。成虫爬行快，飞翔力差，有假死性和弱趋光性。8 月上旬开始产卵，产卵多在傍晚，8 月中旬至 9 月上旬为产卵高峰，10 月中旬停止产卵。卵多产根际的裂缝和嫩根皮中，一处多产 1 粒卵，个别可产 2 粒。10 月底至 11 月初成虫到根际皮缝中越冬。越冬成虫于 3 月下旬至 4 月上旬核桃发芽后出蛰，上树取食叶片、嫩枝补充营养，5 月中旬至 8 月上旬继续产卵于根颈部皮层中，成虫产卵结束后相继死去。

3. 防治方法 ①冬季结冻前，刨开根颈周围的土，灌人尿或人粪尿，或人粪尿加少量石灰，或用斧砍破根颈部皮层，用敌敌畏 5 倍液重喷根颈部，然后封土，有显著杀虫效果。②5～6 月成虫产卵前，将根颈部的土刨开，用浓石灰浆涂封根际，防止成虫产卵。③5～8 月成虫发生期和越冬前，发动群众于根颈部捕捉成虫。④5～8 月成虫发生期，树上喷 50％三硫磷乳油，可兼治举肢蛾。⑤集中成片的核桃园（林），于成虫发生期每亩用 1～1.5 千克“741”插管烟雾剂，流动放烟，熏杀成虫。⑥注意保护伯劳、白僵菌和寄生蝇等横沟象的天敌。

（八）桃蛀螟

桃蛀螟属鳞翅目，螟蛾科。又名桃蠹螟、桃实心虫、核桃钻心虫。河北、河南、陕西、辽宁、湖北、四川、甘肃、云南、浙江、福建等地均有发生，是为害多种果树和农作物的一种杂食性害虫。以幼虫蛀食核桃果实，引起早期落果，或将种仁吃空，严重影响核桃产量与质量。

1. 形态特征 成虫体长约12毫米，翅展26毫米。复眼，下唇与口器发达。全身橙黄色，散生黑色小斑，胸、腹部各节有2～3个黑斑，前翅25～26个，后翅14～15个黑斑。雄蛾第九节末端为褐色，甚为显著，雌蛾则不易见到。

卵椭圆形，稍扁平，长0.6～0.7毫米，初产乳白色，后渐变为桃红色。表面具密而细小的圆形刺点。卵面满布网状花纹。

老熟幼虫体长18～25毫米，头部暗黑色，胸腹部颜色多变化，有暗红、淡灰褐、浅灰蓝色等，头及前胸背面为深褐色，各节有褐色大瘤点12个，足褐色。

蛹长12～14毫米，褐色或淡褐色，腹部末端有卷曲臀刺6根。

2. 生活习性 在华北、西北等地每年发生2代，长江流域及以南各地每年4～5代。以老熟幼虫在树干基部皮缝、落叶、落果及玉米秆内，吐丝绕身越冬，也有少部分以蛹越冬。在四川4月中下旬化蛹，5月上旬至6月上旬出现成虫。成虫有趋光性，对黑光灯趋性强，普通灯光趋性不强，对糖醋液也有趋性，白天和阴天常不活动，伏于叶背面，活动、交尾、产卵均在夜间。卵一般散产于两果交接处。卵期6～8天，6月上旬（收麦时）孵化出1代幼虫。初孵幼虫经短距离爬行后即蛀入果内。受害果从蛀孔分泌黄褐色透明胶汁，与粪便混为一起附贴于果面上。幼虫期15～20天，老熟幼虫在果内或两果接缝处化蛹。蛹期8～10天，6月下旬至7月上旬羽化成虫，转换寄主，继续为害。以后约每隔1个月发生1代，直到9月幼虫老熟越冬。

3. 防治方法 ①冬季刮树皮、树干涂白，收集烧毁核桃园内的残枝、落叶，清除越冬寄主，消灭越冬幼虫。②5～8月在核桃集中栽培的地方，设置黑光灯或用糖醋液诱杀成虫。③及时采摘和捡拾虫果集中深埋，消灭果内幼虫。④5～6月越冬代成虫产卵和第1代幼虫初孵期，分别喷40%乐果乳油1 500倍液，50%三硫磷乳油1 000倍液，对成虫、卵及幼虫均有很好效果。

（九）核桃小吉丁虫

核桃小吉丁虫属鞘翅目，吉丁虫科。在河南、河北、山东、山西、陕西、甘肃、四川、云南等地均有分布，以幼虫在2～3年生枝条皮层中呈螺旋形串食为害，被害处膨大成瘤状，破坏输导组织，致使枝梢干枯，幼树生长衰弱，严重者全株枯死。

1. 形态特征　成虫黑色，长4～7毫米，有铜绿色金属光泽。触角锯齿状，复眼黑色。前胸背板中部稍隆起，头、前胸背板、鞘翅上密布小刻点，鞘翅中部两侧向内陷。

卵扁椭圆形，长约1.1毫米，初产白色，1天后变为黑色。

幼虫体长7～20毫米，扁平，乳白色。头棕褐色，缩于第一胸节内。胸部第一节扁平宽大。背中央有一褐色纵线，腹末有一对褐色尾刺。

蛹为裸蛹，乳白色，羽化前黑色。

2. 生活习性　每年发生1代，以幼虫在2～3年生被害枝条木质部内越冬。在河北越冬幼虫5月中旬开始化蛹，6月为盛期，化蛹期持续2月余。蛹期平均30天左右，6月上中旬开始羽化出成虫，7月为盛期。成虫羽化后在蛹室停留15天左右，然后从羽化孔钻出，经10～15天取食核桃叶片补充营养，再交尾产卵。成虫喜光，卵多散产并多产在比较平滑的枝条阳面，或枝条外围的叶痕附近，生长旺盛、枝叶茂密的枝受害较轻，生长衰弱，枝叶稀少、透光良好的树受害较重。成虫寿命约35天，最长者可达83天。卵期约10天，7月上中旬开始出现幼虫。初孵幼虫从卵的下边蛀入枝条表皮，随着虫体增大，逐渐深入到皮层和木质部中间蛀成螺旋状隧道，内有褐色虫粪，被害枝条表面有不明显的蛀孔道痕和许多月牙形通气孔。受害枝上叶片枯黄早落，入冬后枝条逐渐干枯。8月下旬后，幼虫开始在被害枝条木质部筑虫室越冬。10月底大部分进入越冬状态，被害枝条经过冬季到春天大部分枯死，即“焦梢”。

3. 防治方法 ①加强核桃园综合管理，增强树势，是防治核桃小吉丁虫的有效措施。②4～5 月核桃发芽后至成虫羽化前及采果后至落叶前，剪除虫害枝烧毁，消灭幼虫及蛹。③7～8 月检查发现枝条上有月牙状通气孔，随即涂抹 5～10 倍乐果，消灭幼虫。④6～7 月成虫羽化期，喷敌杀死 5 000 倍液，25％西维因 600 倍液，兼有防治举肢蛾等害虫的作用。⑤释放寄生蜂可有效降低越冬虫口数量。

（十）黄须球小蠹

黄须球小蠹属鞘翅目，小蠹科。又名核桃小蠹虫。在河北、河南、山西、陕西、北京、甘肃、四川、辽宁等地均有分布。成虫食害核桃树新梢上的芽，受害严重时整枝或整株芽均被蛀食，造成枝条枯死。该虫常与核桃小吉丁虫混合发生，严重影响结果和生长发育，致使枝梢和顶芽大量枯死，造成减产甚至绝收。

1. 形态特征 成虫椭圆形，长 2.3～3 毫米，初羽化为黄褐色，后变黑褐色。触角膝状，端部膨大呈锤状。头胸交界处两侧各生一丛三角形黄色绒毛，头胸腹各节下面生有黄色短毛。前胸背板隆起，覆盖头部。鞘翅由点刻组成的纵沟 8～10 条。

卵近椭圆形，长约 1 毫米，初产白色，后变黄褐色。

幼虫椭圆形，体长 2.2～3 毫米，乳白色，背面弓曲，头小，口器棕褐色，腹面有 3 对退化足痕，尾部排泄孔附近有三个品字形突起。

蛹为裸蛹，圆球形，初乳白色，羽化前黄褐色。

2. 生活习性 每年发生 1 代，以成虫在顶芽或侧芽基部蛀孔内越冬。春季核桃发芽时成虫出蛰，在健康或半枯死枝条的芽基部咬筑坑道，补充营养。4 月中下旬雄成虫进入交配室交尾，雌虫一边蛀食母坑道，一边开始产卵于母坑道两侧，5 月中下旬产卵结束时，雄成虫离开坑道后死亡。雌虫仍留坑道内，直到幼虫化蛹时才死亡。卵期 10～15 天，4 月下旬开始孵化出幼虫，5

月上中旬为孵化盛期。幼虫孵化后继续在母坑道两侧咬蛀子坑道取食，子坑道排列整齐，似非字形。两侧子坑道相接，枝条被环剥而枯死。幼虫期40～45天，6月上旬开始在坑道末端化蛹，7月上中旬为化蛹盛期，蛹期15～20天。6月下旬开始羽化为成虫，7月中旬为羽化盛期。羽化后的成虫在蛹室内停留4～5天，咬羽化孔出来，多白天活动，食害核桃顶芽及其以下1～2个芽。一个成虫从羽化到10月越冬可为害3～5个芽。最适宜幼虫发育的枝条含水量为23.1%，上一年遭受病虫或其他伤害的枝条，经秋冬失水，到春季这类枝条的含水量正相当于该幼虫所需要的湿度条件，成虫多在这类枝条上产卵。

3. 防治方法 ①加强综合管理，增强树势，提高抗虫力。②采果后到落叶前，结合修剪，将虫枝集中烧毁；4～6月核桃发芽后至羽化前，凡树上的病枝、虫枝及受冻或其他伤害生长不良的枝一律剪掉烧毁，可基本控制该虫为害。③3月下旬至4月底越冬成虫产卵期，将半干核桃枝条（秋季修剪的枝条）挂在树上作饵枝，诱集成虫产卵，6月中旬成虫羽化前将饵枝全部取下烧毁。④6～7月成虫出现期，每隔10～15天喷1次25%西维因600倍液，或敌杀死5 000倍液，有兼治举肢蛾、瘤蛾、刺蛾的作用。

（十一）核桃果象甲

核桃果象甲属鞘翅目，象甲科。又名核桃果象甲。此虫是陕西、河南、四川、湖北、云南等地为害核桃果实的重要害虫。以成虫为害果实，严重时果皮干枯变黑，果仁发育不全，更为严重的是，成虫产卵于果中，造成大量落果，甚至绝收。此外，亦食害核桃幼芽、嫩枝。

1. 形态特征 成虫：体长9.5～11毫米，宽4.4～4.8毫米。体长椭圆形，墨黑色略有光泽，雌虫略大于雄虫，触角位于头管1/2处，雄虫触角位于头管前端1/3，触角膝状。复眼近圆形。前胸背板密布黑色瘤突。鞘翅被较密鳞片，基部宽于前胸，肩角突出近方形，盖住前胸基部，端部钝圆，背面弓形，鞘翅上各具有11条凹凸。

卵椭圆形，长1.2～1.4毫米，表面光滑，初产卵为乳白色或浅黄色，半透明，后变黄褐色至褐色。

幼虫蠕虫式，体弯曲，头棕色，体肥胖，淡黄色，老熟时黄褐色，老熟幼虫14～16毫米，气门8对明显。

蛹初乳白色，后变为土黄色。胸、腹背面散生许多小刺，腹末具1对褐色臀刺。

2. 生活习性 此虫一年发生1代，以成虫于树干基部粗皮缝隙或向阳杂草或表土内越冬。4月下旬至5月初开始活动，出蛰上树取食，以补充营养，5月上旬为出蛰为害盛期。此时当月均气温为16℃左右时开始产卵，5月中下旬为产卵盛期，8月下旬为末期。卵期6～8天，5月中旬即开始孵化，6月上旬为盛期，幼虫期约50天，幼虫老熟后于6月中旬开始于树上和落果中化蛹，6月下旬末为化蛹盛期。6月下旬至7月上旬为成虫羽化盛期，羽化后上树为害至秋末越冬。成虫行动迟缓，飞翔力差，有假死性，以嫩枝、幼果为食。成虫喜光，多在阳面取食，因此树冠阳面受害重于阴面，上部重于下部，果实阳面蛀孔多于阴面，晴天取食多于阴雨天，夜间很少取食。一般果实受害重于芽、嫩枝、叶柄。越冬成虫补充营养后开始交尾，行多次交尾，多在下午1～4时进行交尾。交尾后1～2天内产卵，产卵前先于果面咬一直径约3.0毫米，深2.5毫米的椭圆形孔，将1粒卵产于孔内，又用口中的淡黄色胶状物在洞深2/3处密闭，成虫产卵期平均达62天，产卵后于10月左右死亡。初孵幼虫向果内蛀食，当进入核内蛀食种仁时，种仁变黑，果实脱落，幼虫继续在落果内取食种仁，老熟后化蛹。7月上中旬成虫羽化，以喙管咬破果皮爬出，取食活动一个时期后便准备越冬。该虫为害和环境因子有关系，低海拔较高海拔严重；浅山区和村庄附近较深山区严重；向阳坡较阴坡严重。

3. 防治措施 ①及时捡拾落果，摘除虫果，集中焚毁或入坑沤肥，以消灭幼虫和羽化未出果的成虫。②振树法防治成虫，在成虫盛发期，利用成虫受惊坠落于地面的习性，用木槌进行人工震树，同时结合树冠下喷杀虫粉剂，被震荡的成虫因接触药剂而死。③在越冬成虫出现到幼虫孵化阶段，用每毫升含孢子量2亿个的白僵菌液，或50%辛硫磷乳剂1 000倍液，阻止幼虫孵化。④在成虫盛发期，可喷施2.5%溴氰菊酯乳油8 000倍液，或2.5%功夫（PP321）8 000倍液、80%敌敌畏乳油1 000倍液。

（十二）大青叶蝉

大青叶蝉属同翅目，叶蝉科。又名青叶蝉、青叶跳蝉、大绿浮尘子。全国各地普遍发生，食性杂，寄主广泛。大青叶蝉对核桃树的为害主要是产卵造成的，为苗木和定植幼树的大敌，受害重的苗木或幼树的枝条逐渐干枯，严重时可全株死亡。

1. 形态特征 成虫体长7～10毫米。身体黄绿色，头橙黄色，复眼黑褐色，有光泽。头部背面具单眼2个，两单眼之间有多边形黑斑点。前胸背板前缘黄绿色，其余为绿色；前翅绿色并有青蓝色光泽，末端灰白色，半透明。后翅及腹背面烟黑，半透明。腹部两侧、腹面及胸足橙黄色。前、中足的跗爪及后足胫节内侧有黑色细纹，后足排状刺的基部为黑色。

卵长卵圆形，长约1.6毫米，稍弯曲，乳白色，近孵化时变为黄白色。以10粒左右排列成卵块。

低龄若虫灰白色，微带黄绿。3龄后黄绿色，体背面有褐色纵条纹，并出现翅芽。老熟若虫体长约7毫米，似成虫，仅翅未完成发育。

2. 生活习性 1年发生3代，以卵在树干、枝条或幼树树干的表皮下越冬。翌年4月孵化出若虫。若虫孵化后即转移到附近的作物及杂草上群集刺吸为害，并在这些寄主上繁殖 2 代，5～6 月出现第一代成虫，7～8 月出现第二代成虫。第三代成虫于 9 月出现，仍为害上述寄主。在大田秋收后，即转移到绿色多汁蔬菜或晚秋作物上。到 10 月中旬，成虫开始迁往核桃等果树上产卵，10 月下旬为产卵盛期，并以卵态越冬。成、若虫喜栖息在潮湿背风处，往往在嫩绿植物上群集为害，有较强的趋光性。

3. 防治方法 ①在成虫发生期，可利用其趋光性用黑灯光诱杀。②在成虫产越冬卵前，涂白幼树树干，可阻止成虫产卵。在幼树主干或主枝上缠纸条，也可阻止成虫产卵。③对于卵量较大的植株，特别是幼树，可组织人力用小木棍将树干上的卵块压死。④在成虫产卵期，可喷洒 80％敌敌畏乳剂 1 000 倍液，或 25％喹硫磷乳剂 1 000 倍液，或 20％叶蝉散乳剂 1 000倍液。

（十三）刺蛾类

黄刺蛾、绿刺蛾和扁刺蛾属鳞翅目，刺蛾科。俗称痒辣子、毛八角、刺毛虫等。幼虫群集为害叶片，将叶片吃成网状；幼虫长大后分散为害，将叶片全部吃光，仅留叶片主脉和叶柄，影响树势和产量，是核桃叶部的重要害虫。幼虫体上有毒毛，触及人体，会刺激皮肤发痒发痛。

1. 形态特征 黄刺蛾：成虫，体长 13～16 毫米，翅展 30～34 毫米。头和胸部黄色，腹部背面黄褐色。前翅内半部黄色，外半部为褐色，有两条暗褐色斜线，在翅尖上汇合于一点，呈倒 V 字形，内面一条伸到中室下角，为黄色与褐色两个区域的分界线。卵椭圆形、扁平，黄绿色，长 1.4～15 毫米。老熟幼虫体长 19～25 毫米，头小，淡褐色。胸、腹部肥大，黄绿色。身体背面有一大形的前后宽、中间细的紫褐色斑和许多突起枝刺。以腹部第一节的枝刺最大，依次为腹部第七节、胸部第三节、腹部第八节；腹部第二至第六节的枝刺小，第二节的最小。蛹椭圆形，长12毫米，黄褐色。茧灰白色，质地坚硬，表面光滑，茧壳上有几道长短不一的褐色纵纹，形似雀蛋。

绿刺蛾：成虫体长约16毫米，翅展38～40毫米。头顶、胸背绿色。胸背中央具1条褐色纵纹向后延伸至腹背，腹部背面黄褐色。触角褐色，雄蛾栉齿状，雌蛾丝状。头顶、胸背绿色，胸背中央有一棕色纵线，腹部灰黄色。前翅绿色，肩角处有深褐色尖刀形大斑，外缘灰黄色，散有暗褐色小点；后翅灰黄色，外缘带褐色。卵扁平光滑，椭圆形，浅黄绿色，黄白色酷似寄主树皮。老熟幼虫体长25毫米，略呈长方形，初黄色，后稍大为黄绿至绿色。头小，黄褐色，缩于前胸下。背中央具紫色或暗绿色带3条，亚背区、亚侧区上各具一列带短刺的瘤。蛹椭圆形约13毫米，黄褐色。茧椭圆或纺锤形，暗褐色，酷似寄主树皮。

扁刺蛾：雌蛾长13～18毫米，体褐色，腹面及足色较深。触角丝状，基部十数节呈栉齿状，栉齿在雄蛾更为发达。前翅灰褐稍带紫色，顶角处斜向一褐色线至后缘。雄虫长约10毫米，雄蛾中室外上角有一黑点，后翅灰褐色。卵椭圆形，初淡黄绿色，后呈灰褐色。老熟幼虫体长21～24毫米，较扁平，椭圆形，背部稍隆起，形似龟甲。全体绿色或黄绿色，背线白色，体边缘两侧各有10个瘤状突起。其上生有刺毛，每1体节背面有2个小丛刺毛，第4节背面两侧各有1红点。蛹近椭圆形，长10～15毫米，前端肥钝，后端稍削，初为乳白色，羽化前转为黄褐色。茧椭圆形，暗褐色，形似鸟蛋。

2. 生活习性　黄刺蛾：1年发生1～2代。以老熟幼虫在分杈处、主侧枝以及树干的粗皮上结茧越冬。翌年5～6月化蛹，成虫6月出现，白天静伏于叶背面，夜间活动，有趋光性。产卵于叶背面近末端处，卵期7～10天。初孵幼虫取食卵壳，然后食叶，仅取食叶的下表皮和叶肉组织，留下上表皮，呈圆形透明小斑。幼虫于6月中旬至8月下旬发生为害，老熟幼虫在树上结茧越冬。

绿刺蛾：1年发生1～3代，以老熟幼虫在树干基部结茧越冬。成虫于6月上中旬开始羽化，末期7月中旬。成虫具有较强的趋光性，在夜间进行交尾。卵产于叶背面，数十粒集聚成块，初孵幼虫有群集性。8月是幼虫为害盛期，幼虫老熟后，约在8月下旬至9月下旬，陆续下树寻找适当场所结茧越冬。结茧的场所在发生1代的地区多在树冠下草丛浅土层内，或在主干基部土下贴树皮的部位；发生2代的地区除上述场所外，还可在落叶下、主侧枝的树皮上等部位。

扁刺蛾：1年发生1～3代，以老熟幼虫在土中结茧越冬。6月上旬开始羽化为成虫。成虫羽化时间多在傍晚，白天静伏叶背或杂草丛中，夜出活动，具有较强的趋光性，交尾后次日晚产卵。卵多产于叶面，散生，6～8月上旬有初孵幼虫出现。初孵幼虫先食卵壳，2龄后转至叶背，6龄幼虫取食全叶仅留叶柄。发生严重时，能将全株吃光。

3. 防治方法 ①9～10月或冬季，结合修剪、挖树盘等消除越冬虫茧，杀死越冬蛹。②利用成虫趋光性，用黑光灯诱杀。③初龄幼虫多群集于叶背面为害，及时组织人力，摘除虫叶，消灭幼虫。④保护或释放天敌，如上海青蜂、姬蜂、螳螂等。⑤严重发生时，可喷苏云金杆菌（Bt）500倍液，或90%晶体敌百虫、50%辛硫磷乳油1 000倍液、25%灭幼脲3号胶悬剂1 000倍液、25%西维因可湿性粉剂500倍液、90%敌敌畏晶体1 000倍液、20%灭扫利乳油2 000倍液。

（十四）铜绿金龟

铜绿金龟属鞘翅目，金龟子科。又名铜绿金龟子、青铜金龟、硬壳虫等，幼虫称蛴螬。在全国各地均有分布，可为害多种果树。幼虫主要为害根系，成虫则取食叶片、嫩枝、嫩芽和花柄等，将叶片吃成缺刻或吃光，影响树势及产量。

1. 形态特征　成虫体长19毫米，椭圆形。身体背面铜绿色，头及前胸背板色较深，鞘翅为淡铜绿色或黄铜绿色，有光泽。复眼红黑色，触角浅黄褐色，由9节组成。腹部每节腹板有一排毛，足黄褐色。卵椭圆形，乳白色，表面光滑。老熟幼虫体长约40毫米，体向腹面弯曲，呈C形，头部黄褐色，胴部乳白色。腹末节腹板有许多钩状刺毛。裸蛹，初期白色，后渐变为淡褐色。

2. 生活习性　每年发生1代，以3龄幼虫在土中越冬。次春越冬幼虫开始活动取食，老熟幼虫作土室化蛹。成虫6月初开始出土，喜傍晚活动，白天多栖息于疏松、潮湿的土壤中，有假死性和强烈的趋光性，于6月中旬产卵于树下作物根系附近土中。7月出现新一代幼虫，取食寄主植物的根部，10月中上旬幼虫在土中开始下迁越冬。

3. 防治方法　①冬春翻树盘，铲除杂草，破坏幼虫（蛴螬）生存条件。②利用金龟子假死习性，于清晨或傍晚敲击树枝，震落捕杀成虫。树下及周围撒药粉。③在成虫发生期，可利用黑灯光或糖醋液罐诱杀。④毒饵诱杀，以切碎的野菜置于塑料袋中揉烂，适量加0.5%溴氰菊酯拌匀，傍晚分小堆放于果树下，可杀灭成虫。另外，酸菜汤也有诱集作用，可因地取材诱杀。⑤成虫为害期，喷施马拉硫磷1 000～2 000倍液。

（十五）核桃缀叶螟

核桃缀叶螟属鳞翅目，螟蛾科。又名木檫黏虫、核桃毛虫等。在河北、河南、山东、山西、陕西、辽宁、安徽、江苏、浙江、湖北、北京等省、直辖市均有发生和为害。在河北某些地区个别年份发生严重，往往把叶片吃光，造成树势衰弱，影响产量。

1. 形态特征　成虫体长14～20毫米。全体黄褐色，触角丝状，复眼绿褐色，下唇须发达。前翅色深，稍带红褐色，有明显的黑褐色内横线及曲折的外横线，横线两侧靠近前缘处各有黑褐色小斑点1个，缘翅脉间各有黑褐色小斑点1个，前缘中部有1黄褐色斑点。后翅灰褐色，近外缘色较深，有一弯月形黄白色纹。

卵球形，集中成块，排列成鱼鳞状。

老熟幼虫体长25～45毫米，头部黑褐色，有光泽，前胸背板黑色，背中线较宽，杏红色。亚背线至气门下线为宽黑褐色带，其中散布白色小斑点。腹面黄褐色。全体疏生短毛。

蛹长约16毫米，深褐色至黑色。

越冬茧扁椭圆形，略似瓜籽，红褐色，硬似牛皮纸。茧大小差异很大。

2. 生活习性 1年1代，以老熟幼虫在根颈部及距树干1米左右范围的土壤中结茧过冬，入土深度一般10厘米左右。翌年6月中旬开始化蛹，6月下旬至7月上旬为盛期，蛹期10～20天，6月下旬开始羽化成虫，7月中旬为羽化盛期。成虫产卵于叶面，幼虫为害期7～9月。初龄幼虫群居，吐丝结网将叶粘合，幼虫居内啃食叶肉剩下表皮，稍长大，由一窝分为几群，把叶片缀集在一起，使叶片呈筒形，幼虫在其中食害，并把粪便排在里面。随虫体的长大（约20毫米）转移分散为害，最初卷食复叶，把2～4个复叶缠卷在一起，复叶卷的越来越多，最后成团状，严重时将全树叶片吃光。幼虫多夜间活动，近老熟时分散缀叶为害，白天栖息叶内，晚间取食。一般树冠外围枝叶和树冠上部受害严重，8月为害最重，9月中下旬老熟逐渐入土结茧越冬，多群集结茧。

3. 防治方法 ①虫茧在树根旁或松软土里比较集中，在封冻前或解冻后挖虫茧。②及时用钩镰把虫枝砍下，消灭幼虫。③幼虫发生期喷施50%速灭杀松乳油1 000倍液，或25%灭幼脲3号胶悬剂2 000倍液、50%辛硫磷乳油1 500～2 000倍液、

20%甲氰菊酯乳油 2 000 倍液、30%杀虫威乳油 1 000 倍液、25%西维因可湿性粉剂 500 倍液、50%敌敌畏乳油 1 000 倍液、杀螟杆菌 300 倍液。

五、农药的使用标准

生产优质安全果品，应禁止使用剧毒、高毒、高残留和致畸、致癌、致突变的农药，提倡使用高效、低毒、低残留的无公害农药。在使用农药时要注意用药安全，不能导致药害；尽量采用低毒、低残留农药，以降低残留与污染，并避免对生态平衡的破坏；要选择高效药剂，以保证防治效果，充分控制病虫为害；要耐雨水冲刷，充分发挥药效，减少用药次数；要以药剂有效成分为主进行筛选，不要被各种诱人的名称所困惑；合理选用混配农药，既要充分发挥不同类型药剂的作用特点，又要避免一些负面作用；使用农药应有长远和全局观点，不能只顾眼前和局部利益。

（一）严格执行农药品种的使用准则

1. 禁用农药品种

①有机磷类高毒品种有：对硫磷（一六〇五、乙基一六〇五、一扫光）、甲基对硫磷（甲基一六〇五）、久效磷（纽瓦克、纽化磷）、甲胺磷（多灭磷、克螨隆）、氧化乐果、甲基异柳磷、甲拌磷（三九一一）、乙拌磷及较弱致突变作用的杀螟硫磷（杀螟松、杀螟磷、速灭虫）。

②氨基甲酸酯类高毒品种有：灭多威（万灵、万宁、快灵等）、呋喃丹（克百威、虫螨威、卡巴呋喃）等；有机氯类高毒、高残留品种有：六六六、滴滴涕、三氯杀螨醇（开乐散，其中含滴滴涕）。

③有机砷类高残留致病品种有福美砷（阿苏妙）及无机砷制

剂，如砷酸铅等。

④二甲基甲脒类慢性中毒致癌品种有杀虫脒（杀螨脒、克死螨、二甲基单甲脒）。

⑤具连续中毒及慢性中毒的氟制剂有：氟乙酰胺、氟化钙等。

2. 推荐农药品种

①杀虫剂、杀螨剂

生物制剂和天然物质：苏云金杆菌（Bt、青虫菌、敌宝）、甜菜夜蛾核多角体病毒、银纹夜蛾核多角体病毒、小菜蛾颗粒体病毒、茶尺蠖核多角体病毒、棉铃虫核多角体病毒、苦参碱（蚜螨敌、苦参素）、印楝素、烟碱、鱼藤酮、苦皮藤素、阿维菌素（爱福丁、灭虫灵、齐螨素、虫螨克）、多杀霉素（菜喜）、浏阳霉素、白僵菌、除虫菊素、硫磺。

合成制剂：溴氰菊酯（敌杀死）、氟氯氰菊酯、氯氟氰菊酯（百树得）、氯氰菊酯（农地乐）、联苯菊酯（天王星）、氰戊菊酯（速灭杀丁）、甲氰菊酯（灭扫利）、氟丙菊酯、硫双威、丁硫克百威、抗蚜威（辟蚜雾）、异丙威、速灭威、辛硫磷、毒死蜱（乐斯本、毒丝本）、敌百虫、敌敌畏、马拉硫磷、乙酰甲胺磷、乐果、三唑磷、杀螟硫磷、倍硫磷、丙溴磷、二嗪磷、亚胺硫磷、灭幼脲、氟啶脲、氟铃脲、氟虫脲（卡死克）、除虫脲、噻嗪酮、抑食肼、虫酰肼（米满）、哒螨灵（扫螨净、灭螨灵、牵牛星）、四螨嗪、唑螨酯、三唑锡、炔螨特（克螨特、灭螨特）、噻螨酮（扑虱灵）、苯丁锡、单甲脒、双甲脒、杀虫单、杀虫双、杀螟丹、甲氨基阿维菌素、啶虫脒（莫比朗）、吡虫啉（大功臣、蚜虱净、一遍净）、灭蝇胺、氟虫腈、溴虫腈、丁醚脲。

②杀菌剂

无机杀菌剂：碱式硫酸铜、王铜、氢氧化铜（可杀得）、氧化亚铜（铜大师）、石硫合剂。

合成杀菌剂：代森锌、代森锰锌（新万生、大生）、福美双、乙磷铝（疫霉灵、克霉、霉菌灵）、多菌灵、甲基硫菌灵、噻菌灵、百菌清（达科宁）、三唑酮（粉锈宁）、三唑醇、烯唑醇（禾果利、速保利、特普唑）、戊唑醇、己唑醇、腈菌唑、乙霉威·硫菌灵、腐霉利（速克灵）、异菌脲（扑海因）、霜霉威（普力克）、烯酰吗啉·锰锌（安克·锰锌）、霜脲氰·锰锌（克露）、邻烯丙基苯酚、嘧霉胺、氟吗啉、盐暖吗啉胍、恶霉灵（土菌消、绿亨一号）、噻菌铜（龙克菌）、咪鲜胺（使百克、施保克）、咪鲜胺锰盐、抑霉唑、氨基寡糖素、甲霜灵·锰锌（瑞毒霉）、亚胺唑、春·王铜（加瑞农）、恶唑烷酮·锰锌、脂肪酸铜、松脂酸酮、腈嘧菌酯。

生物制剂：井冈霉素、农抗120、菇类蛋白多糖（抗毒剂1号）、春雷霉素、多抗霉素、宁南霉素、木霉菌、农用链霉素。

（二）用科学正确的方法使用农药

1. 避免造成药害　在清晨至上午10时前和下午4时后至傍晚用药，可在树体内保留较长的农药作用时间，对人和作物较为安全；而在气温较高的中午用药则易产生药害和人员中毒现象，且农药挥发速度快，杀病虫时间较短。药害产生以及药害轻重与多种因素有关。一般无机农药最易产生药害，有机合成农药产生药害的可能性较小，生物源农药不易产生药害。同类农药中，乳油产生药害的可能性大。一般幼嫩组织对药剂较敏感，花期抗药性较差，休眠期耐药性较强。有些药剂高温条件下易产生药害，如硫制剂、有机磷杀虫剂等；有些药剂高湿环境易造成药害，如铜制剂等。使用浓度越高或用药量越大越易发生药害，喷药不均、药剂混用或连用不当，也易导致药害。

2. 提高防治效果　要获得理想的防治效果，首先必须对“症”下药，根据病虫害的类型选择相应的农药；其次适期用药，根据病虫发生规律，抓住关键期进行药剂防治；第三，根据病虫发生特点，选用相应的施药方法；第四，根据病虫为害程度，合理混合用药及交替用药；第五，充分发挥综合防治作用，有机结合农业措施、物理防治及生物防治等。

3. 保证喷药质量 喷药时必须及时、均匀、细致、周到，特别是叶片背面、果面等易受病、虫为害的部位。核桃树体比较高大，喷药时应特别注意树体内膛及上部，应做到“下翻上扣，四面喷透”。

4. 防止产生抗性 化学药剂防治必须注意防止病虫产生抗性。首先要注意适量用药，避免随意加大药量，降低农药的选择压力；其次，合理混合用药，利用药剂间的协同作用，防止产生抗性种群；第三，适当交替用药，同一生长季节单纯或多次使用同种或同类农药时，病虫抗药性明显提高，降低防治效果，交替使用农药可延长农药使用寿命和提高防治效果，减轻污染程度。

5. 合理使用助剂 助剂是协同农药充分发挥药效的一类化学物质，其本身没有防治病虫活性，但可促进农药的药效发挥、提高防治效果。如介壳虫类和叶螨类，表面带有一层蜡质，混用某些助剂后，不但可以提高药液的黏附能力，还可增加药剂渗透性，最终提高防治效果。

6. 采前停止用药 根据安全用药标准，保证国家残留量标准的实施，无公害果品采收前20天应停止用药，个别易分解的农药可在此期间慎用。对于喷施农药后的用具、药瓶或剩余药液及作业防护用品要注意安全存放和处理，以避免新的污染。

（三）依据病虫测报科学用药

应及时掌握气候、天敌数量和种类、病虫害发生基数及速度等因素，对病虫为害要做多方面预测。在充分衡量人工防治难度和速度、天敌生物控制及物理防治的可行性基础上，做出准确的测报依据，是决定化学药剂是否采用的科学方法。病虫害发生时，在经济条件允许的前提下，能用其他无公害手段控制时，尽量不采用化学合成农药防治，或在为害盛期有选择地用药，以综合防治措施来减少用药。

第10章 核桃采收及其处理方法

一、采收适期

核桃果实成熟的外部特征是：青果皮由绿变黄，部分顶部出现裂纹，青果皮容易剥离。此时的内部特征是：种仁饱满，幼胚成熟，子叶变硬，种仁颜色变浅，风味浓香，这时是果实采收的最佳时期。核桃在成熟前一个月内果实大小和坚果基本稳定，但出仁率与脂肪含量均随采收时间推迟呈递增趋势。品种不同采收期不同，1/3的外皮裂口时即可采收，过早过晚均不利于核仁的品质。

核桃的适时采收非常重要。采收过早青皮不易剥离，种仁不饱满，单果重、出仁率和含油率均明显降低，使产量和品质均受到严重损失；采收过晚则果实容易脱落，同时青皮丌裂后仍留在树上，阳光直射的一面坚果硬壳及内种皮颜色变深，同时也容易受霉菌感染，导致坚果品质下降。

核桃果实的成熟期，因品种和气候条件不同而异。早熟与晚熟品种之间可相差10～25天。一般来说，北方地区核桃的成熟期多在9月上旬至中旬，南方地区相对早些。同一品种在不同地区的成熟期有所差异，如辽宁1号品种在辽宁大连地区9月中下旬成熟，在河北保定地区9月上中旬即可成熟。在同一地区的成熟期也有所不同，平原区较山区成熟早，阳坡较阴坡成熟早，干旱年份较多雨年份成熟早。

目前我国核桃掠青早采的现象相当普遍，且日趋严重。据各产区的调查表明，目前核桃的采收期一般提前10～15天，产量损失8%左右，按我国2005年产量50万吨计，每年因早采收损失约4万吨。提早采收也是近年来我国核桃坚果品质下降的主要原因之一。因此，适时采收是核桃栽培管理中一项重要的技术措施，应该引起足够的重视。

二、采收方法

核桃的采收方法有人工采收法和机械振动采收法两种。我国目前普遍采用的是人工采收法。人工采收就是在果实成熟时，用带弹性的木杆或竹竿敲击果实所在的枝条或直接触落果实。敲打时应自上而下，从内向外顺枝进行，以免损伤枝芽，影响翌年产量。新建矮化核桃品种园多人工采摘。机械振动采收法是于采收前10～20天，在树上喷布500～2 000微克/克乙烯利催熟，采收时用机械振动树干，使果实振落于地面，这种方法在美国已普遍采用。其优点是青皮容易剥离，果面污染轻。但用乙烯利催熟往往会造成早期落叶而削弱树势。

无论采用什么方法采收，采收前均应将地面早落的病果、虫果等捡拾干净，并做妥善处理。对于打落的果实应及时捡拾，剔除病虫果，将带青皮的果实和落地后已脱去青皮的坚果分别放置。脱去青皮的坚果可直接漂洗，以免混在带青皮的果实中，在脱青皮的过程中污染坚果果面。对于采收后的果实应尽快放置在阴凉通风处，以免阳光暴晒，温度过高使种仁颜色变深，甚至使种仁酸败变味。

三、脱青皮及漂洗

（一）脱青皮

1. 堆沤脱皮法　这是我国传统的核桃脱青皮方法。操作时将采收后的果实及时运到庇阴处或室内，按 50 厘米左右的厚度堆成堆（堆积过厚易腐烂），然后盖上一层麻袋或 10 厘米左右的干草或树叶，以保持堆内温湿度，促进后熟。适期采收的果实一般堆沤 3～5 天青皮即可离壳，此时用木板或铁锨稍加搓压即可脱去青皮。堆沤时切忌时间过长，否则青皮变黑甚至腐烂，污染坚果外壳和种仁，降低坚果品质和商品价值。个别不产生离层的果实多为未受精而没有种仁的假果，没有价值可弃之。

2. 药剂脱皮法 核桃采收后，将采收的青皮果实用 3 000～5 000 微克/克乙烯利溶液浸蘸半分钟，再按堆沤法堆果和覆盖，或随堆积随喷洒，按 50 厘米左右厚度堆积，在温度为 30℃左右，相对湿度 80%～90%的条件下，经 2～3 天即可脱皮。此法对成熟度稍差及脱青皮较难的品种效果较好，不仅可以缩短脱青皮所需时间，而且避免了堆沤时间过长对坚果造成的污染。但对成熟度较高、大量青皮已开裂的果实，不宜采用此法。否则不仅是人力物力的浪费，而且因乙烯利溶液进入已开裂的果实青皮与坚果之间，造成对坚果果壳及种仁的污染。在应用乙烯利脱皮过程中，为提高温湿度，果堆上可以加盖一些干草，但忌用塑料薄膜之类不透气的物质蒙盖，更不能装入密闭的容器中。

3. 核桃青皮剥离机 该机器是由新疆农业科学院农业机械化研究所针对实际情况研制出来的核桃初加工机械，性能指标测定结果表明：青皮剥净率 88%，机械损伤率 1%，生产率每小时 1 216 千克。该机加工后的核桃外观洁净无黑斑，明显提高了商品核桃的外观质量。与手工剥离青皮比较，机械剥离青皮可提高工作效率 20 倍，并可避免青皮对手的损伤。

（二）坚果漂洗

为了满足国内外市场对核桃坚果外观的要求，脱青皮后的坚果表面常残存有烂皮、泥土及其他污染物，应及时用清水洗涤，保持果面洁净。洗涤时将脱皮后的坚果装入筐内（一次不宜装太多，以容量的1/2左右为宜），把筐放在流水或清水池中，用扫帚搅洗。在水池中冲洗时，应及时更换清水，每次洗涤5分钟左右，一次洗涤时间不宜过长，以免脏水渗入壳内污染核仁。一般视情况洗涤3～5次即可。在一般情况下，清水洗涤后应及时将坚果摊开晾晒，尤其是缝合线不够紧密或露仁的品种，只能用清水洗涤，否则易污染种仁。

脱青皮和水洗应连续进行，不宜间隔时间过长（不超过3小时），否则坚果基部维管束收缩，水容易浸入，使种仁变色、腐烂。

四、干燥方法

贮藏的核桃必须达到一定的干燥程度，以免水分过多而霉烂，坚果干燥是使核桃壳和核仁的多余水分蒸发掉。干燥后坚果（壳和核仁）含水量应低于8%，高于8%时，核仁易生长霉菌。生产上以内隔膜易于折断为标准。

我国核桃干燥方法有日晒和烘烤两种。洗净后的坚果不能立即放在日光下暴晒，否则核壳会翘裂，影响坚果品质。应先摊放在竹箔或高粱秆箔上晾半天左右，待大部分水分蒸发后再摊放在芦席或竹箔上晾晒。坚果摊放的厚度一般不宜超过两层。晾晒过程中要经常翻动，以达到干燥均匀、色泽一致。一般经5～7天即可晾干。干燥后的坚果含水量以8%以下为宜，此时坚果碰敲声音脆响，横隔膜极易折断，核仁酥脆。过度晾晒坚果重量损失较大，甚至种仁出油，降低品质。

除自然晾晒外，在秋季多雨的地区可对漂洗后的坚果进行烘干处理，多采用烘干机或火炕烘干。烘架上坚果的摊放厚度以15厘米以下为宜，过厚或过薄，烘烤不均匀，易烤焦或裂果。烘烤过程中的温度控制至关重要。开始坚果湿度较大，温度宜控制在25～30℃，同时应保持通风，让大量水蒸气排出。当烤至四五成干时，降低通风量，加大火力，温度控制在35～40℃；

待到七八成干时，减小火力，温度控制在30℃左右，最后用文火烤干为止。果实从开始烘干到大量水汽排出之前不宜翻动，经烤烘10小时左右，壳面无水时才可翻动，越接近干燥，翻动越勤，最后每隔2小时左右翻动一次。

五、分级与包装

（一）坚果的分级标准与包装

在国际市场上，核桃商品坚果的价格与坚果大小有关。坚果越大价格越高。根据外贸出口的要求，以坚果直径大小为主要指标，通过筛孔为三等。30毫米以上为一等，28～30毫米为二等，26～28毫米为三等。美国现在推出大号和特大号商品核桃，我国也开始组织出口32毫米核桃商品。出口核桃坚果除以果实大小作为分级的主要指标外，还要求坚果壳面光滑、洁白、干燥（核仁水分不超过4%），杂质、霉烂果、虫蛀果、破裂果总计不允许超过10%。

2006年我国国家标准局发布的《核桃坚果质量等级》国家标准中，以坚果外观、单果平均重量、取仁难易、种仁颜色、饱满程度、核壳厚度、出仁率及风味等八项指标将坚果品质分为四个等级（表8）。

表8 核桃坚果不同等级的品质指标（GB/T 20398—2006）

项 目		特级	Ⅰ级	Ⅱ级	Ⅲ级
基本要求		坚果充分成熟，壳面洁净，缝合线紧密，无露仁、虫蛀、出油、霉变、异味等果。无杂质，未经有害化学漂白处理			
感官指标	果形	大小均匀，形状一致	基本一致	基本一致	
	外壳	自然黄白色	自然黄白色	自然黄白色	自然黄白或黄褐色
	种仁	饱满，色黄白、涩味淡	饱满，色黄白、涩味淡	较饱满，色黄白，涩味淡	较饱满，色黄白或淡琥珀色，稍涩

（续）

项目		特级	Ⅰ级	Ⅱ级	Ⅲ级
物理指标	横径（毫米）	≥30.0	≥30.0	≥28.0	≥26.0
	平均果重（克）	≥12.0	≥12.0	≥10.0	≥8.0
	取仁难易度	易取整仁	易取整仁	易取半仁	易取1/4仁
	出仁率（%）	≥53.0	≥48.0	≥43.0	≥38.0
	空壳果率（%）	≤1.0	≤2.0	≤2.0	≤3.0
	破损果率（%）	≤0.1	≤0.1	≤0.2	≤0.3
	黑斑果率（%）	0	≤0.1	≤0.2	≤0.3
	含水率（%）	≤8.0	≤8.0	≤8.0	≤8.0
化学指标	粗脂肪含量(%)	≥65.0	≥65.0	≥60.0	≥60.0
	蛋白质含量(%)	≥14.0	≥14.0	≥12.0	≥10.0

核桃坚果一般都采用麻袋或纸箱包装。出口商品坚果根据客商要求，每袋重量为20～25千克，包口用针缝严并在袋左上角标注批号。

（二）无公害安全坚果的要求

1. 感官要求 根据中华人民共和国农业行业标准《无公害食品 落叶果树坚果》（NY 5307—2005）要求：同一品种，果粒大小均匀，果实成熟饱满，色泽基本一致，果面洁净，无杂质，无霉烂，无虫蛀，无异味，无明显的空壳、破损、黑斑和出油等缺陷果。

2. 安全指标 安全指标应符合表9。

表9 安全指标（NY 5307—2005）

项目	指标
铅（以Pb计），毫克/千克	≤0.4
镉（以Cd计），毫克/千克	≤0.05
汞（以Hg计），毫克/千克	≤0.02
铜（以Cu计），毫克/千克	≤10
酸价，KOH，毫克/千克	≤4.0
过氧化值，当量浓度/千克	≤6.0

（续）

项　目	指　标
亚硫酸盐（以 SO_2 计），毫克/千克	≤100
敌敌畏（dichlorvos），毫克/千克	≤0.1
乐果（dimethoate），毫克/千克	≤0.05
杀螟硫磷（fenitrothion），毫克/千克	≤0.5
溴氰菊酯（deltamethrin），毫克/千克	≤0.5
多菌灵（carbendazim），毫克/千克	≤0.5
黄曲霉毒素 B_1，微克/千克	≤5

注：其他有毒有害物质的指标应符合国家有关法律、法规、行政规章和强制性标准的规定。

（三）取仁方法及核仁分级标准与包装

1. 取仁方法　我国核桃取仁的方法有人工和机械取仁两种。人工取仁过程中，须注意果实摆放位置，根据坚果三个方位强度的差异及核仁结构，选择缝合线与地面平行放置，敲击时用力要均匀，防止过猛和多次敲打，以免增多碎仁。为了减轻坚果砸开后种仁受污染，砸仁之前一定要搞好卫生，清理场地，不能直接在地上砸。坚果砸破后要装入干净的筐篓或堆放在铺有席子、塑料布的场地上。剥核仁时，尽量做到戴上洁净手套，仁要装入干净的容器中，然后再分级包装。

目前机械取仁有以下几种方法：①离心碰撞式破壳法。此方法碎仁太多，所以应用很少。②化学腐蚀法。由于此方法在实际操作中不好控制，仁易受到腐蚀，处理不好还会造成对环境的污染，因此人们不愿接受。③超声波和真空破壳取仁法。这两种方法设备昂贵，破壳成本高，且破壳效果不够理想。④定间隙挤压破壳法。目前应用较多，但由于核桃品种繁杂，尺寸差异较大、形状不规则、壳仁间隙小，所以核桃的破壳取仁难度较大，破壳后还需进行壳仁分离，加之碎壳、碎仁上有许多毛刺。

张志华等（1995）发明的核桃螺旋加压取仁器，简便实用，加压均匀，但效率较低，适宜家庭使用。

2. 核桃仁的分级标准与包装 核桃仁主要依其颜色和完整程度划分为八级：

白头路：1/2仁，淡黄色；

白二路：1/4仁，淡黄色；

白三路：1/8仁，淡黄色；

浅头路：1/2仁，浅琥珀色；

浅二路：1/4仁，浅琥珀色；

浅三路：1/8仁，浅琥珀色；

混四路：碎仁，种仁色浅且均匀；

深四路：碎仁，种仁深色。

在核桃仁收购、分级时，除注意核仁颜色和仁片大小之外，还要求核仁干燥，水分不超过4%；核仁肥厚，饱满，无虫蛀，无霉烂变质，无杂味，无杂质。不同等级的核桃仁，出口价格不同，白头路最高，浅头路次之。但我国大量出口的商品主要为白二路、白三路、浅二路和浅三路四个等级。混四路和深四路均作内销或加工用。

核桃仁出口要求按等级用纸箱或木箱包装。每箱核桃仁净重一般为20～25千克。包装时需采取防潮措施。一般是在箱底和四周衬垫硫酸纸等防潮材料，装箱之后立即封严、捆牢。在箱子的规定位置上印明重量、地址、货号。

六、贮　藏

核桃适宜的贮藏温度为1～3℃，相对湿度75%～80%。一般的贮藏温度也应低于5℃。一般长期贮藏的核桃含水量不得超过7%。贮藏方法因贮量和所贮时间不同而异。

（一）室内贮藏法

即将晾干的核桃装入布袋或麻袋中，放在干燥、通风的室内贮藏。为了避免潮湿，最好下垫石块并严防鼠害。此法只能作短期存放，过夏易发生霉烂、虫害和酸败变味。

（二）低温贮藏

长期贮存核桃应有低温条件。如贮量不多，可将坚果封入聚乙烯袋中，贮存在0～5℃的冰箱中，可保持良好品质2年以上。大量贮存可用麻袋包装，贮存在0～1℃的低温冷库中，效果较好。

（三）薄膜帐贮藏

在无冷库条件的地方，可采用塑料薄膜帐密封贮藏核桃。具体做法是：选用0.2～0.23毫米厚的聚乙烯膜做成帐，其大小和形状可根据存贮量和仓贮条件设置。秋季将晾干的核桃入帐，在北方因冬季气温低、雨水少、空气干燥，不需立即密封，待翌年2月下旬气温逐渐回升时再封帐。应选择低温、干燥的天气密封，使帐内空气湿度不高于50%～60%，以防密封后霉变。南方秋末冬初气温高，空气湿度大，核桃入帐时必经加吸湿剂后密封，以降低帐内湿度。当春末夏初气温升高时，在密封的帐内亦不安全，这时可配合充二氧化碳或充氮法降低含氧量（2%以下），以抑制呼吸，减少损耗，防止霉烂、酸败及虫害。二氧化碳达到50%以上或充氮1%左右，效果均很理想。

核桃贮藏过程中常有鼠害和虫害发生，必须经常检查，及时采取防治措施。用溴甲烷（40～56克/平方米），熏蒸库房3.5～10小时，或用二硫化碳（40.5克/平方米）密封18～24小时，均有显著的除虫效果。

第11章 文玩核桃

一、历史渊源

文玩核桃古时称“揉手核桃”，起源于汉隋，兴起于明朝，在清朝到了鼎盛时期，在两千多年的历史长河中盛传不衰，形成了独特的中国核桃文化。古往今来，上至帝王将相、才子佳人，下至官宦小吏、平民百姓，无不为有一对出类拔萃的核桃而自豪。在如今弘扬中华传统民族文化的大背景下，玩核桃之风日盛，两只核桃在手里盘转，可以舒筋活血，有辅助健身的作用。特别是一些长期从事案头工作的人群，把玩核桃更能起到舒筋活血、预防职业病的功效。乾隆皇帝曾有诗云“掌上旋日月，时光欲倒流；周身气血涌，何年是白头”，讲的就是玩核桃。老北京有句话：“贝勒手里三件宝，扳指、核桃、笼中鸟。”民间还盛传：“核桃不离手，能活八十九；超过乾隆爷，阎王叫不走。”通过把玩，一对普通的核桃年深日久变得晶莹剔透，就成了一件精美的艺术品。

二、种类及品种

把玩核桃的产地和种类各异，大致分为麻核桃、楸子核桃、铁核桃三大类。

麻核桃也就是河北核桃，主要品种有：狮子头、公子帽、鸡心、桃心、虎头、官帽、罗汉头等等。其产地主要分布在河北、天津、山西和北京的部分山区。由于其在个、色、形、质等方面已经达到了很高的标准，古往今来，就成为了人们争相追逐和收藏的对象。

楸子的产地在我国分布的也比较广泛，主要是东北、河北、山西等，产量也比较大。主要品种有：鸭子嘴儿、鸡嘴儿、子弹头儿、枣核等。楸子核桃相对平民化，虽然价钱便宜，但也不乏一些好的品种，如灯笼、枣核都是值得关注的种类。其中以异形的比较珍贵，如双联体、三棱儿、四棱儿等等。

铁核桃在市场上看到的比较多，但是外观基本上差距不是特别大。其中主要有蛤蟆头、元宝、铁球、异形（三棱儿、四棱儿）等。铁核桃的特点是纹路一般比较浅，尖比较小，个头比较大，价格相对比较便宜，而且不是很怕摔。铁核桃手感沉，一些极具收藏价值的异形核桃多出自铁核桃，如三棱、四棱、鹰嘴、三联瓣、蛇皮纹、铁元宝、牛肚、铁观音等。

严格讲，把玩核桃真正意义上的品种还很少，只有河北农业大学于 2005 年鉴定、审定了首个河北核桃品种艺核 1 号，它是民间把玩核桃品种鸡心中一个大果优良品种。现在民间的品种实际是基于坚果形状而划分的类型，民间的优良类型均出自于河北核桃。主要有以下 3 种：

1. 狮子头 狮子头属于麻核桃的一种，形状饱满，近圆球形，花纹漂亮，多卷花、绕花、拧花，有洞有眼，状如雄狮头，故得名。按高度可分为高桩和矮桩，按纹路可分为粗纹和细纹，按底儿可分为平底和窝底，按产地可分河北、山西、北京、天津蓟县等。其中又以闷尖、矮桩、大底座、水龙纹，横径在 4.5 厘米以上的狮子头最为弥足珍贵，收藏价值极高。

2. 公子帽 公子帽属于麻核桃的一种，形状比狮子头稍矮，特点是缝合线大而薄，特别是接近底部更为明显，形状就像是古代公子们头上戴的公子帽一样，很漂亮，故得名。还有一种形状近似于公子帽，但是要比公子帽长得更饱满，两边缝合线小些，人们称作官帽。

3. 鸡心 鸡心属于麻核桃的一种，形状近似鸡心，一般个头较大，多直纹，纹粗边厚，大底。好鸡心揉出来后会有漂亮的龙纹，变化莫测。首个把玩核桃品种“艺核1号”属于此类。由于纹理粗犷饱满，雕刻作品多源于此。

三、鉴 赏

鉴赏核桃因个人审美情趣不同而见仁见智。一般认为个头适中、近圆形、棱宽、壳厚、重量足、突起多、褶皱深、纹路自然、色泽浓重、亮中透红、红中透明，不是玛瑙胜似玛瑙，是欣赏把玩的理想种类。历来，人们选择核桃是很讲究的。历史上有“百里难挑一，万中难成对”之说。意思是一百个核桃里很难选出一个理想的核桃，一万个核桃里也难找到理想的一对。如何衡量一对文玩核桃的优劣，要多看、多比较、多交流才具备同常人不同的鉴赏力。鉴赏核桃多从质、形、个、色、纹、配等方面考虑。

质 玩核桃，首先是质。质包括核桃的硬度、是否圆润、是否细腻、是否成熟等等。品种不同，质地不同。同一棵树上，没长熟的核桃，质地也是不同的。采收过早或发育不正常的核桃，质地较软，重量较轻。自然成熟的核桃，比较圆润、细腻，呈木质或骨质的感觉。核桃的质，在很大程度上，决定了核桃上色的好坏、快慢，也决定了核桃的分量、声音及手感等，是衡量核桃好坏的重要因素。经多年把玩的核桃，羊脂白玉般细润，非常漂亮。这首先取决于核桃本身的质地，质地不好的核桃，是永远不会玩出那样形态的。一般楸子的质地较差，密度低，木质不够细腻坚硬，导致声音明显发糠，即使玩红了的楸子，也没有麻核桃玩出来的细腻、润泽。

形 核桃的形状是把玩的重要条件，人们把玩中的转动较多，以及人们的审美情趣偏好，认为接近圆的核桃更好，也就是纵径和横径比接近1为佳。这种形状的核桃揉搓方便，旋转顺畅。因此，接近圆形、闷尖或尖小的狮子头等较为走俏。然而，由于把玩核桃的祖先有核桃楸的基因，因此大部分把玩核桃较长，也就是纵径较大。但如果是雕刻用的核桃，则需要纵径稍大些，作品的立体感会更强，也更符合人们的审美情趣。此外，要求把玩核桃形状正而不刻板，棱宽而不弯曲，底座平能坐得正。核桃的尖要求尖而不利，钝而有形。核桃在自然的生长环境中外形上会出现各种各样的变异，可能导致核桃的价值大打折扣，但如果是形状怪异，特别是成对的，则可能具有较高的欣赏和收藏价值，往往价格不菲。

个 因目前文玩核桃品种的个头普遍较小，因此，核桃的大小很重要。同一个品种，横径大1～2毫米的核桃，其价格可能翻番。但实际把玩时，合适的大小应以玩者手的大小、喜好及品种的形状而异，一般横径4厘米左右为宜。古时，核桃的大小只是与玩核桃的手来进行比较的，根据核桃在自己手中转动时，手指的张开程度说：“大杖把儿”、“小杖把儿”、“正把位”和“小把位”。同一对核桃在手小的人手里是“大杖把儿”，但到了手大的人手里，就成了“小杖把儿”，甚至是“小把位”。同样的品种，因为其桩的高矮、肚的大小，给人的实际手感也有不同大小的感觉。

色 核桃的颜色因品种、立地、管理、采收期等的不同而有差异，自然的核桃通体应是一种颜色，要求壳面颜色均匀一致。一般核桃呈棕褐色、土黄色或黄白色。玩透了的核桃一般为棕红色或深咖啡色，亮中透红、红中透明。采收过早或发育不正常的核桃，可能通体白色或“白尖”、“黄尖”等，也有的核桃表面一些突起忽然变成很浅的黄色，界限分明，而且随着揉的时间长了，其他部分的皮都变红了，而黄皮、白尖颜色不变，很不美观。有卖家称之为“富贵黄金尖”，是好品相，属欺人之道。另有一种颜色纰漏叫阴皮，一般是由于果实病害或机械伤等导致壳面部分变色，多呈黑色，对核桃色泽影响很大，这种核桃很难在玩家的手中恢复原色，也很难通过长时间把玩呈现红色透明的感觉。

纹　核桃外皮的纹理因品种不同而差异较大，有点状纹、线状纹、片状纹、块状纹、网状纹、水龙纹等。从核桃纹理上看，纹路的形状、疏密是否得当，分布是否均匀，是否饱满，是否怪异，都有不同的说法。一般认为突起多、褶皱深、纹路自然、纹理粗犷，起伏大，变化丰富为上品。核桃错综的表面皱脊有如纵横交错的高岗深谷、潺潺流水、奇山劲松，也有的极像神话人物的脸谱。在对核桃的长期把玩中，领悟其意境，主要体现在纹理上。核桃自然之纹理，天然的皱脊，能和谐出巧夺天工的诗画。如花似水，如龙似凤，如浪似波，如岭似峰，看似山川，犹如走兽；如罗汉叠坐，又似苍鹰展翅；说是百鸟朝凤，恰如鸳鸯戏水；或似长龙闹海；或似丹凤朝阳；或似天马行空；或似虎起平川。斑驳的纹理真是鬼斧神工，又与自然浑为一体，千姿百态，栩栩如生。

配　核桃的配对，是文玩核桃的重中之重。每对文玩核桃要求纹理相似，形状、大小、颜色一致，重量相当是非常难的。长得十分周正的核桃是非常少的，配对时的形状相互对应尤为重要。有人说，核桃分左核桃和右核桃，一只核桃有手心、手背、前脸及后背，配得好的核桃，如同人穿的鞋子一样，能看出哪个是左，哪个是右。尽管此说有些夸张，但“百里难挑一，万中难成对”之说还是有几分道理的。核桃配对，不仅需要大量可供选择的同类同品种核桃，而且需要仔细观察，在实践中反复揣摩，才能配得好。

四、雕　　刻

麻核桃皮厚质坚，纹理粗犷，起伏大，变化丰富，非常适合雕刻。但核桃有的地方厚度可达 6～7 毫米，两条棱甚至可超过

10 毫米，而有的地方却较薄至 1～2 毫米，较厚的地方质地坚硬，而薄的地方，只有薄薄的硬皮。在核桃的工艺雕刻技术中，不宜采用木雕的写实手法，如若只把它作为毫无特色的雕刻材料，而任意去破坏原有的自然皱脊，奇特昂贵的核桃便会失去光彩和价值。面对核桃变化丰富的天然皱脊，首先要审视和构思，然后因形施艺，进行合理的取舍。它不同于木雕的形似，又不同于根雕的神似。核桃雕刻较适宜灵活多变的手法，而不适宜规整严谨的纹样，重要的是纹样的造型和整体效果。核桃雕刻分镂雕和浮雕两种，作品有九龙滚、百犬图、金猴闹春、百鸟朝凤、五毒虫、葫芦万代、龙虎斗、十八罗汉等。

五、把玩及收藏

1. 刷洗 当你从市场买了一对新核桃时，首选就是清洗、消毒，一般是用 1/100 的 84 消毒液水浸泡 3～5 分钟，再用1/50的洗衣粉浸泡 8～10 分钟，取出后用棕毛刷刷洗干净，再用清水冲洗核桃附着残液，然后放置阴凉处阴干。

2. 上油 给核桃上油，主要要看核桃的表皮，表皮光亮润泽的别上油，相反表皮枯干就上点油。上油用小毛刷少蘸点油刷核桃，刷得要匀，要少，核桃表面不能有汪油的现象。上好油后，把核桃封存好，放置 2～3 天使油自浸核桃皮内，再揉时要先用刷子刷核桃，刷净后，再揉。给核桃上油一定要根据核桃表皮的情况，上油太多、太频繁，揉出的核桃不透，色泽泛黑。

3. 把玩 核桃有搓、揉、压、扎、捏、蹭、滚等多种玩法，但应用最多的是搓和揉。搓是把核桃在掌中分成两个部分，由大拇指、食指、中指，捻住前面的一个核桃来回滚动，另一个核桃由无名指和小指固定不动，前面的一个搓一两分钟后再把后面那个跟前面那个转换一下位置搓，依此类推。揉是将核桃平放于掌中，用食指和中指将核桃推向拇指，同时用无名指和小指将另一个核桃送给食指和中指，拇指将前一个核桃钩住送向无名指和小指，依此类推，使核桃顺时针或逆时针方向旋转。注意无论搓或揉都不要使两个核桃磕碰，以免伤其自身的花纹。要揉出一对核桃，约要 3～5 年的时间，不同的人揉出来的核桃成色是不一样的，时间也是不相同的。人有油质皮肤和水质皮肤，油性大的人揉核桃爱上色。相反油性小的人，揉核桃不爱上色。天气对核桃的着色也有关系，民间流传，冬出光、夏着色的说法，即天冷揉核桃出亮光，天热揉核桃爱上色。

4. 保养 核桃是六分搓揉、三分刷，一分保护。不管是搓、是揉，只能搓揉核桃的表面。核桃的凹陷处是搓揉不到的，在揉新核桃时最好准备把毛刷，经常擦、刷，以使核桃表皮更光亮。要想揉出一对色泽光亮红润的好核桃，打好底子是关键，要想打好底子，收拾核桃的初期最重要，初期对核桃要用心搓、揉、用力刷。保护就是当不准备搓揉时，把核桃用小布袋装好，或用手帕包好，用塑封袋也行，总之不要把核桃暴露在外，否则核桃上会落尘土，影响核桃的光亮。

5. 收藏 收藏核桃之风在我国源远流长。核桃作为一种文玩的产物，有它的把玩和收藏的价值。一对好核桃的价值可以达到几千甚至上万元，随着把玩时间的增长，核桃会产生一种令人惊喜的变化，就是我们平时所说的包浆，如琥珀般漂亮，玲珑剔透，叫人爱不释手；而且在享受把玩核桃为我们带来无限乐趣的同时，其本身的价值还在不断地增加。收藏应以珍稀品种中的极品或绝版类型为主，收藏核桃雕刻品种要选择名人的作品。

参考文献

[1] 张志华，罗秀钧等．核桃优良品种及其丰产优质栽培技术．北京：中国林业出版社，1998

[2] 郗荣庭，刘孟军等．中国干果．北京：中国林业出版社．2005

[3] 郗荣庭，张毅萍等．中国果树志．核桃卷．北京：中国林业出版社．1996

[4] 郗荣庭，张毅萍等．中国核桃．北京：中国林业出版社，1998

[5] 河北农业大学等．核桃栽培学．北京：农业出版社，1987

[6] 杨文衡，郗荣庭．核桃栽培．北京：农业出版社，1987

[7] 陕西果树研究所主编．核桃．北京：中国林业出版社，1980

[8] 刘万生等．辽宁 1 号等核桃新品种的选育．中国果树．1990（2）

[9] 王贵，高中山．核桃新品种——晋龙 1 号．园艺学报．1992（3）

[10] 王钧毅等．香玲等核桃新品种的选育．中国果树．1990（4）

[11] 李明亮等．核桃优良新品种——北京 861. 中国果树．1991（3）

[12] 李中涛，李永洋．核桃芽发育特性的研究．园艺学报．1962（2）

[13] 张志华等．核桃雌雄异熟性研究．园艺学报．1995（2）

[14] 张志华等．核桃光合特性的研究．园艺学报．1995（4）

[15] 张志华等．核桃坚果呼吸特性研究．园艺学报．1994（3）

[16] 郗荣庭，张志华．核桃栽培技术问答．天津：天津科学技术出版社，1991

[17] 朱丽华，张毅萍．核桃高产栽培．北京：金盾出版社，1993

[18] 王钧毅等．核桃栽培技术．济南：山东科学技术出版社，1992

[19] 农产品安全质量无公害水果产地环境要求．中华人民共和国国家标准（GB/T 18407.2—2001）

[20] 杨雄等．核桃良种丰产园营建技术．陕西林业科技．2005 (3)
[21] 毛向红，孙震．优种核桃建园及幼树管理技术．河北林业科技．2002 (6)
[22] 梁华，彭立健．不同间作模式及管理措施对核桃幼林生长的影响．山东林业科技．2007 (1)
[23] 李元芳等．绿色食品　肥料使用准则．中华人民共和国农业行业标准 (NY/T 394—2000)
[24] 张兴旺．核桃的需肥特性和施肥方法．云南林业．2008，29 (1)
[25] 李海菊，鄂从军．核桃初结果树的修剪技术．河北果树．2003 (3)
[26] 胡海峰．核桃常用树形及修剪技术．山西果树．2000 (3)
[27] 沈莉．盛果期核桃树的修剪技术．烟台果树．2008 (1)
[28] 李冬林．核桃的人工辅助授粉技术．特种经济动植物．2000 (4)
[29] 北京农业大学等．果树昆虫学（下册）．北京：农业出版社，1990
[30] 牛亚胜．核桃白粉病发生规律调查与药剂防治试验．甘肃农业．2005 (7)
[31] 赵登超等．核桃黑斑病的发生规律与防治措施．河北果树．2007 (6)
[32] 钱传范等．绿色食品　农药使用准则．中华人民共和国农业行业标准 (NY/T 393—2000)
[33] 史建新，辛动军．国内外核桃破壳取仁机械的现状及问题探讨．新疆农机化．2001 (6)
[34] 王文德等．核桃坚果质量等级．中华人民共和国国家标准(GB/T 20398—2006)
[35] 张志华等．核桃坚果质量．河北省地方标准 (DB13/T 482—2002)
[36] 黎其万等．无公害食品　落叶果树坚果．中华人民共和国农业行业标准 (NY 5307—2005)
[37] 郝艳宾等．核桃无公害生产综合技术．北京市地方标准 (DB11/T 434—2007)

图书在版编目（CIP）数据

核桃安全优质高效生产配套技术/张志华，王红霞，赵书岗主编．—北京：中国农业出版社，2009.4（2017.2 重印）
（安全优质高效果品生产丛书）
ISBN 978-7-109-13429-4

Ⅰ．核…　Ⅱ．①张…②王…③赵…　Ⅲ．核桃-果树园艺
Ⅳ．S664.1

中国版本图书馆 CIP 数据核字（2009）第 024321 号

中国农业出版社出版
（北京市朝阳区麦子店街 18 号楼）
（邮政编码 100125）
责任编辑　张　利

三河市君旺印务有限公司印刷　新华书店北京发行所发行
2009 年 4 月第 1 版　2017 年 2 月河北第 5 次印刷

开本：850mm×1168mm　1/32　印张：6.125　插图：4
字数：150 千字　印数：21 001～24 000 册
定价：16.00 元